Die Bibliothek der Technik
Band 297

Präzisionskupplungen und Gelenkwellen

Hochgenaue Verbindungselemente für die Antriebstechnik

Tobias Wolf, Andreas Rimpel,
Michael Wöber

verlag moderne industrie

Dieses Buch wurde mit fachlicher Unterstützung der R+W Antriebselemente GmbH erarbeitet.

sv corporate media, D-80992 München
http://www.sv-corporate-media.de
Abbildungen: R+W Antriebselemente GmbH, Klingenberg
Satz: abavo GmbH, D-86807 Buchloe
Druck und Bindung: Sellier Druck GmbH, D-85354 Freising
Printed in Germany 889048
ISBN-10: 3-937889-48-5
ISBN-13: 978-3-937889-48-1

Inhalt

Bedeutung hochpräziser Kupplungen 4

Theorie und Auslegung 6

Physikalische Größen ... 6
Funktion der Drehmomentübertragung ... 9
Funktion des Versatzausgleichs ... 10
Auswahlkriterien ... 13

Torsionssteife Kupplungen 15

Aufbau ... 15
Eigenschaften ... 18
Auslegung und Dimensionierung ... 21
Steckbare Kupplungen ... 27
Anwendungsgebiete ... 30

Schwingungsdämpfende Kupplungen 32

Aufbau ... 32
Eigenschaften ... 37
Auslegung und Dimensionierung ... 39
Anwendungsgebiete ... 45

Welle-Nabe-Verbindung 47

Passfedernut ... 48
Klemmnabe ... 50
Konusklemmnabe ... 52
Konusklemmring ... 53
Flansch ... 54
Spreizdorn ... 55

Gelenkwellen 56

Physikalische Größen und Grundlagen ... 57
Auslegung und Dimensionierung ... 59
Torsionssteife Gelenkwellen ... 62
Schwingungsdämpfende Gelenkwellen ... 65

Ausblick 68

Literatur 70

Der Partner dieses Buches 71

Bedeutung hochpräziser Kupplungen

Kupplungen und Gelenkwellen werden neben der Drehmomentübertragung von der Antriebs- zur Abtriebswelle auch zum Versatzausgleich der Wellen genutzt. Im Unterschied zu einfachen Standardkupplungen erreichen und gewährleisten hochgenaue Kupplungen, so genannte Präzisionskupplungen, eine spiel- und wartungsfreie Drehmomentübertragung im Dauereinsatz. Enge Toleranzen und Maßgenauigkeiten der einzelnen Präzisionskupplungskomponenten, die im hundertstel Millimeterbereich liegen, ermöglichen diese Leistungscharakteristik.

Spiel- und wartungsfreie Übertragung

Die im Folgenden beschriebenen Präzisionskupplungen und Gelenkwellen sind dem Bereich der nichtschaltbaren Drehmomentübertragungselemente zuzuordnen. Sie stehen in den unterschiedlichsten Designs und mit jeweils ganz spezifisch auf die Anwendungen abgestimmten technischen Eigenschaften zur Verfügung. Trotz dieser Vielfalt lassen sich Präzisionskupplungen generell in nur zwei Hauptgruppen einteilen: in die Gruppe der *torsionssteifen Kupplungen* sowie in die Gruppe der *schwingungsdämpfenden Kupplungen*. Torsionssteife Kupplungen werden beispielsweise in Vorschubachsen von Werkzeugmaschinen eingesetzt, während schwingungsdämpfende Kupplungen bevorzugt in Servomotoren oder Fördereinheiten zur Anwendung kommen (Abb. 1).

Zwei Kupplungsklassen

Antriebsstränge haben im Laufe der Jahre eine immer bessere Genauigkeit entwickelt. Daran haben hochpräzise Kupplungssysteme mit ihrer Fähigkeit des Ausgleichs und der Kompensation von Fluchtungsfehlern sowie der exakten oder schwingungsdämpfenden Drehmo-

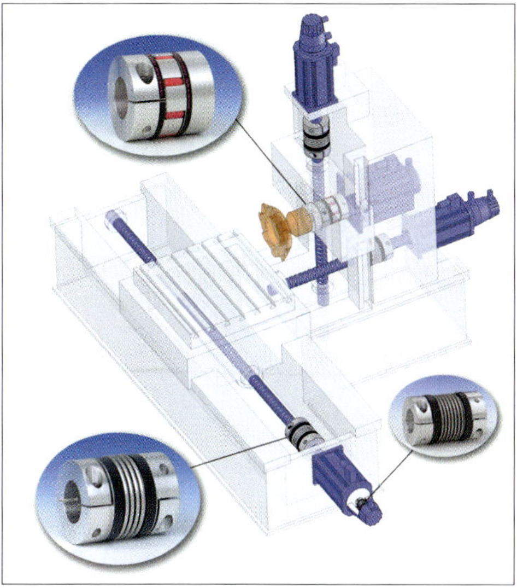

Abb. 1: Werkzeugmaschine – ausgestattet mit torsionssteifen und schwingungsdämpfenden Kupplungen

mentübertragung einen großen Anteil. Im heutigen Maschinen- und Anlagenbau sind Präzisionskupplungen in nahezu jeder Form vertreten, da die technischen Eigenschaften dieser Verbindungselemente an die jeweiligen spezifischen Anforderungen optimal angepasst werden können. Diese Flexibilität wird mit Hilfe der wähl- und veränderbaren technischen Übertragungseigenschaften erreicht.

Formenvielfalt

Das vorliegende Buch soll in die Technik und die Anwendungen von Präzisionskupplungen und Gelenkwellen einführen. Es werden theoretische Grundlagen sowie die Auslegung von Kupplungen erläutert, die beiden Hauptkupplungstypen und ihre Eigenschaften beschrieben sowie Anbindungsvarianten an Wellen und Zapfen dargestellt. Ein eigenes Kapitel behandelt die zur Überbrückung großer Wellenabstände eingesetzten Gelenkwellen. Die Vorstellung einer neu entwickelten Kunststoffkupplung beschließt den Band.

Theorie und Auslegung

Die Variantenvielfalt des Antriebsstrangs im allgemeinen Maschinenbau nimmt ständig zu. Zur Auslegung der benötigten Maschinenelemente wie zum Beispiel Kupplungen sind daher immer aufwändigere Konstruktionen und Berechnungen erforderlich. Physikalische Größen wie Drehmoment, Torsionssteifigkeit, Federsteifigkeit, Trägheitsmoment, Unwuchten oder Spielfreiheit spielen eine zentrale Rolle im Zusammenhang mit der Auslegung. Nachfolgend werden diese Größen erläutert.

Physikalische Größen

Drehmoment

Eine wesentliche Größe im Maschinenbau ist das *Drehmoment,* das durch eine auf einen drehbaren Körper wirkende Kraft erzeugt wird. Es ist das Produkt aus der wirkenden Kraft und der wirksamen Hebellänge. Die Formel lautet:

$$T = F \cdot r$$

T Drehmoment [Nm]
F Kraft [N]
r Hebelarm [m]

Diese Gleichung beschreibt den Zusammenhang zwischen der benötigten Kraft und der Länge des Hebels. Ein Drehmoment von 100 Nm kann entweder über eine Kraft von 100 N und einem 1 m langen Hebel oder durch eine Kraft von 1000 N und einem 0,1 m langen Hebel erzeugt werden. Diese physikalische Gesetzmäßigkeit ist auch auf Kupplungen übertragbar. Ein bestimmtes Drehmoment kann mit einem großen Kupplungsaußendurchmesser und entsprechend kleiner anliegender Kraft oder mit einem kleineren Kupplungsaußendurchmesser und entsprechend größerer anliegender Kraft erzielt werden. In der Praxis gilt jedoch: Je größer das zu übertragende Drehmoment, umso größer (proportionale Zunahme) ist auch der Außendurchmesser der Kupplung.

Torsionssteifigkeit

Der zweite wesentliche Einflussfaktor bei der Übertragung des Drehmoments ist neben dem Außendurchmesser die *Torsionssteifigkeit* der Kupplung. Diese Größe beschreibt die Steifigkeit, die eine Kupplung unter einer Torsionsbelastung aufweist. Wird der Maximalwert der Torsionssteifigkeit einer Kupplung aufgrund eines zu großen Drehmoments überschritten, reicht die Festigkeit der Kupplung nicht mehr aus, um die anliegende rotatorische Kraft zu übertragen. Die Einheit der Torsionssteifigkeit Nm/rad spiegelt die Beziehung wider. Wird eine Kupplung mit einer Torsionssteifigkeit von 10 000 Nm/rad mit 10 Nm belastet, so verdreht sich das Verbindungselement um 1/1000 rad. Dies entspricht einem Verdrehwinkel von ca. 0,057° (1 rad entspricht 57°17´44,8´´). Je nach Kupplungstyp (torsionssteife oder schwingungsdämpfende Kupplung) liegt dieser Verdrehwinkel noch im zulässigen Bereich der Kupplung. In der Praxis haben torsionssteife Kupplungen in der Regel einen Verdrehwinkel von unter 0,05° und schwingungsdämpfende Kupplungen einen Verdrehwinkel von unter 5° (Abb. 2). Werden die zulässigen Verdrehwinkel eingehalten, so ist die Kupplung im Einsatzfall lebensdauerfest.

Federsteifigkeit

Unter der *Federsteifigkeit* versteht man die von der Kupplung ausgehende Gegenkraft bei differenzierten Bewegungen der Achsen in axialer, radialer und lateraler Richtung. Die Einheit der Federsteifigkeit ist N/mm. Ist die axiale Federsteifigkeit der Kupplung vom Hersteller beispielsweise mit 30 N/mm angege-

Abb. 2: Verdrehwinkel von torsionssteifen und schwingungsdämpfenden Kupplungen

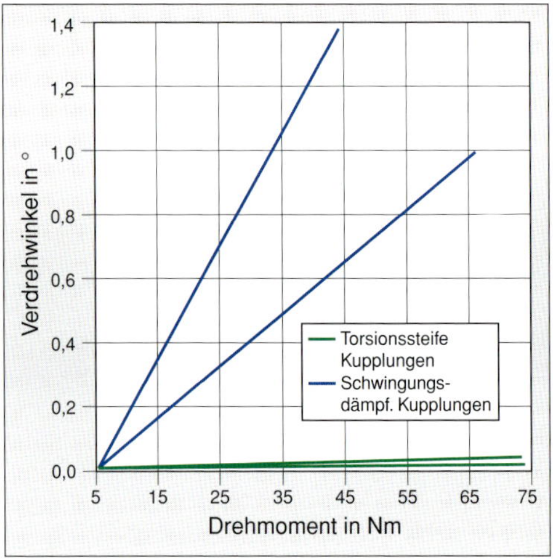

ben, bringt die Kupplung bei einer axialen Verschiebung um 1 mm eine Kraft von 30 N auf. Diese zusätzlichen Kräfte sollten bei der Auslegung von Lagern und weiteren Bauteilen des Antriebsstrangs immer mit berücksichtigt werden.

Trägheitsmoment

Das *Trägheitsmoment* eines Körpers beschreibt das auftretende Widerstandsmoment bei Drehzahländerung. Einflussfaktoren wie Gesamtgewicht des Körpers und Abstand der Masse von der Rotationsachse beeinflussen das Trägheitsmoment maßgebend. In der Regel verkleinert sich das Trägheitsmoment bei Verringerung des Gesamtgewichts und des Außendurchmessers eines Körpers. Diese Beziehung gilt auch umgekehrt. Trägheitsmomente spielen bei hochdynamischen Anwendungen eine wichtige Rolle, da diese zusätzlichen Drehmomente vom Antrieb mit aufgebracht werden müssen.

Unwucht

Damit Antriebsstränge eine hohe Laufruhe erzielen, sollte die *Unwucht* der gesamten Anlage möglichst klein sein. Unwuchten entstehen aufgrund von nichtsymmetrischen Bauteilen. Durch die daraus resultierende ungleiche Massenverteilung bilden sich überproportionale Fliehkräfte, die auf den gesamten Antriebsstrang wirken und die Laufruhe des Gesamtsystems beeinträchtigen. Abhilfe schaffen so genannte Auswuchtbohrungen, die meist direkt an der Unwuchtstelle angebracht werden. Sie führen zu einer gleichmäßigen Massenverteilung im gesamten Bauteil. In der Antriebstechnik sind Wuchtgüteklassen festgelegt, die eine maximale Restunwucht beschreiben. Gängige Klassen sind Q 16, Q 6,3 und Q 2,5. Dabei gibt die kleinere Zahl eine höhere Wuchtgüteklasse (geringere zulässige Restunwucht in Verbindung mit der Drehzahl) an.

Wuchtgüteklasse

Spielfreiheit

Spielfreiheit bedeutet, dass bei Änderung der Drehzahl, Drehrichtung oder des Drehmoments kein Spiel (Hohlraum) und somit keine Stöße in der Kupplung entstehen. Es bedeutet allerdings nicht, dass kein Verdrehwinkel auftritt. In Hinblick auf die Lebensdauer von Lagern und An- und Abtriebsmaschinen ist Spielfreiheit von wesentlicher Bedeutung.

Funktion der Drehmomentübertragung

Hauptaufgabe von Präzisionskupplungen und Gelenkwellen ist die Übertragung eines Drehmoments von der Antriebs- zur Abtriebswelle (z. B. Motor mit Kugelrollspindel, Hydraulikaggregat oder Schneckengetriebe). Miniaturmetallbalgkupplungen, eine Gruppe von Präzisionskupplungen, übertragen nur sehr kleine Drehmomente. Ihre primäre Aufgabe ist die exakte Drehwinkelübertragung (z. B. Drehgeber). Die Form der rotatorischen Kraftübertragung hat sich in den vergangenen Jahrzehnten kontinuierlich weiterentwickelt und zählt

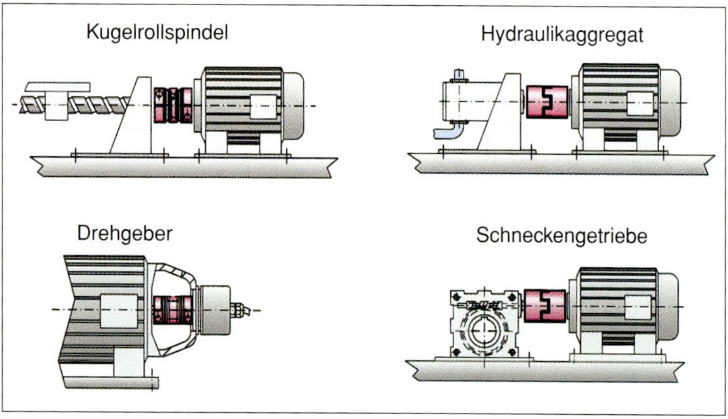

Abb. 3: Anwendungsbeispiele von Kupplungen in verschiedenen Einsatzgebieten

heute in der Antriebstechnik zu den effektivsten Lösungen. Vor allem im allgemeinen Maschinenbau, dem Haupteinsatzgebiet der Kupplung, wird diese Funktion der Drehmomentübertragung meistens genutzt. Abbildung 3 zeigt einige Anwendungen von Präzisionskupplungen in unterschiedlichen Einsatzbereichen.

Für nahezu alle Anwendungen geeignet

Präzisionskupplungen sind für Drehmomentbereiche von 0,05 Nm bis über 38 000 Nm und für Drehzahlbereiche von 0 bis über 100 000 U/min verfügbar. Damit können 95 % aller Anwendungen abgedeckt werden. Höhere Drehmoment- oder Drehzahlwerte lassen sich mittels spezieller Kupplungsausführungen erreichen.

Funktion des Versatzausgleichs

Der Versatzausgleich ist neben der Drehmomentübertragung die zweite wesentliche Funktion der Kupplung. Konstruktions- und montagebedingt entstehen bei nahezu allen Anwendungen Versätze zwischen der An- und Abtriebsseite. Ursache dafür sind zum einen Toleranzen in der Maßhaltigkeit der anzubindenden Bauteile und zum anderen auf den Antriebsstrang wirkende äußere Einflüsse wie beispielsweise Temperatur oder Witterungsverhältnisse. Generell unterscheidet man drei Versatzarten.

Axiale Versätze

Die erste Versatzart sind die *axialen Versätze* (Abb. 4). Dabei handelt es sich um Längenänderungen entlang der Längsachse von Antriebs- und Abtriebswelle, die meist aus metallischen Materialien, zum Beispiel Stahllegierungen, gefertigt werden. Jeder Werkstoff verfügt über einen spezifischen Wärmeausdehnungskoeffizienten, der bestimmt, um wie viel sich das Material bei Temperaturänderung ausdehnt oder zusammenschrumpft. Die temperaturbedingte Längenänderung der Wellen kann zwischen 0,1 und 1 mm liegen. Neben diesen durch äußere Einflüsse bedingten Axialversätzen können auch anwendungsspezifische axiale

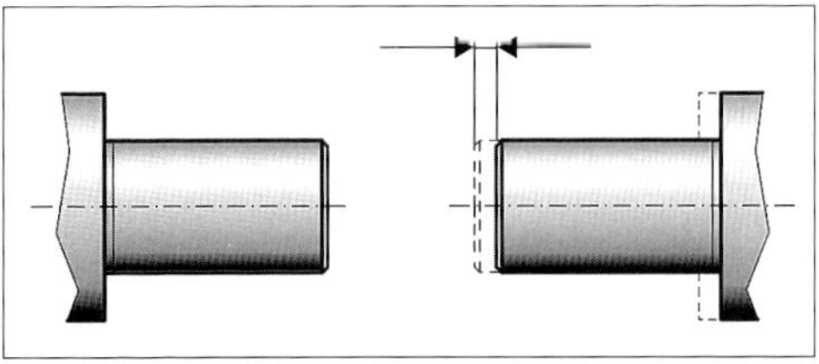

Abb. 4: Fluchtungsfehler in axialer Richtung

Versätze auftreten. Diese erreichen je nach Anwendung Maximalwerte von bis zu 10 mm. Für die Kupplung ist der axiale Versatz allerdings eher unkritisch, da über federnde Ausgleichselemente aus Metall (Metallbalg) oder Kunststoff (Elastomerkranz), die zwischen An- und Abtriebsnabe angeordnet sind, eine ausreichende Elastizität sichergestellt ist.

Angulare Versätze

Zur zweiten Versatzart zählen die *angularen Versätze* (*Winkelversätze)* (Abb. 5). Diese Versatzart entsteht meist durch montagebedingte Versätze der beiden Wellen zueinander. In der Regel können mit Standardkupplungen Angularversätze von bis zu 2° ausgeglichen werden. Müssen größere Versätze kompensiert werden,

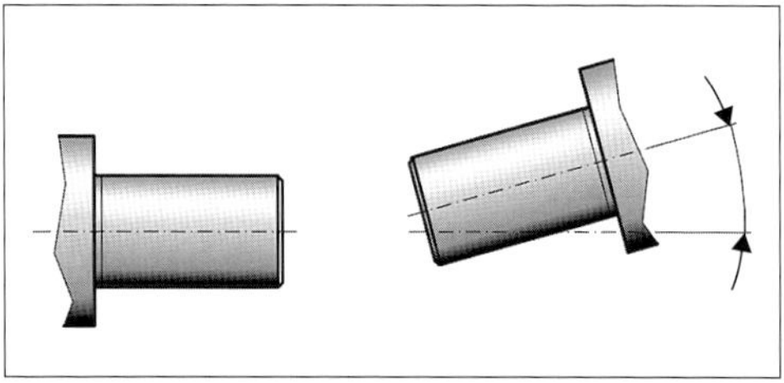

Abb. 5: Fluchtungsfehler in angularer Richtung

besteht die Möglichkeit, durch eine Veränderung der Wellenzahl (bei Metallbalgkupplungen) oder der Shorehärte (bei Elastomerkupplungen) die Größe des Ausgleichswinkels um ein Vielfaches zu erhöhen. Im Gegensatz zum axialen bedeutet der angulare Versatz, bedingt durch die erhöhte Belastung des Ausgleichselements, eine deutliche Mehrbeanspruchung für die Kupplung.

Lateraler Versatz

Die stärkste Beanspruchung der Kupplung wird durch den *lateralen Versatz* (Abb. 6) hervorgerufen. Bei dieser Versatzart handelt es sich um eine parallele Verlagerung der beiden Wellen zueinander. Das Ausgleichselement, also Metallbalg oder Elastomerkranz, wird somit durch zwei entgegengesetzte Winkelverlagerungen belastet. Neben der Belastung der Kupplung ergeben sich durch Rückstellkräfte hervorgerufene zusätzliche Beanspruchungen für Lager und andere Komponenten des Antriebsstrangs, die bei der Auslegung und Konstruktion ebenfalls mit berücksichtigt werden sollten. Kupplungen in Standardausführung können laterale Versätze von bis zu 0,35 mm ausgleichen.

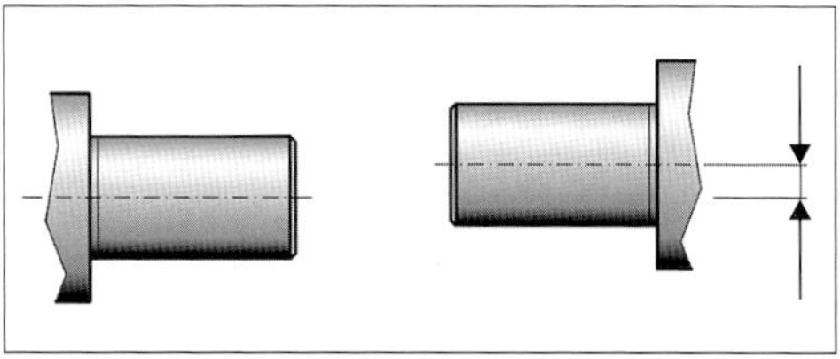

Abb. 6: Fluchtungsfehler in lateraler Richtung

Die Ausrichtung der An- und Abtriebsseite beeinflusst maßgeblich die Lebensdauer der Kupplung und des gesamten Antriebsstrangs. Bei Einhaltung der vom Hersteller angegebenen maximalen Versätze sind die eingesetzten Kupplungen lebensdauerfest und müssen keiner regelmäßigen Wartung unterzogen werden.

Auswahlkriterien

Die Variantenvielfalt der Kupplungsmodelle auf dem heutigen Anbietermarkt ist enorm. Hinsichtlich geometrischer Abmessungen, übertragbarer Drehmomente oder maximal kompensierbarer Fluchtungsfehler unterscheiden sich die einzelnen Kupplungen zum Teil ganz erheblich. Trotz dieser Vielfalt können Kupplungen generell in zwei Klassen zusammengefasst werden.

Torsionssteife Kupplungen

Metallbalg-, Federscheiben- oder Federstegkupplungen zählen zur Gruppe der *torsionssteifen Kupplungen*. Diese zeichnen sich durch eine außerordentlich hohe Verdrehsteifigkeit unter Drehmomentbelastung sowie durch sehr geringe Rückstellkräfte bei allen drei Versatzarten aus. Immer dann, wenn eine rotatorische Bewegung mit sehr geringem Verdrehwinkel exakt übertragen werden muss, sollten diese Kupplungen zum Einsatz kommen. Anwendungsbereiche für torsionssteife Kupplungen sind beispielsweise Schrittmotoren mit einer Unterteilung von 18 000 Inkrementen. Diese Schrittmotoren erreichen pro Inkrement eine Genauigkeit von 0,02°. In diesem Einsatzfall sollte der Verdrehwinkel der Kupplung um ein Vielfaches kleiner sein, damit der Schrittmotor präzise arbeiten kann. Neben dem Einsatz in Schrittmotoren finden torsionssteife Kupplungen Anwendung in hochdynamischen Servoachsen, bei Dreh- und Impulsgebern sowie im allgemeinen Maschinenbau.

Schwingungs-dämpfende Kupplungen

Die zweite Gruppe stellen *schwingungsdämpfende Kupplungen* dar. Man bezeichnet sie als Klauenkupplungen oder Elastomerkupplungen. Hauptaufgabe dieser Kupplungen ist neben der Übertragung des Drehmoments die Schwingungsdämpfung. Schwingungen und Frequenzen auf der Antriebsseite entstehen zum einen durch die eingebaute Elektronik und zum anderen durch mechanische Komponenten im Antriebsstrang. Da Schwingungen alle Bauteile wie zum Beispiel Lager zusätzlich belasten, können sie die Lebensdauer des Antriebsstrangs deutlich negativ beeinflussen. Durch den Einsatz von schwingungsdämpfenden Kupplungen können Vibrationen gedämpft und kompensiert werden. Die Schwingungsdämpfung bei Elastomerkupplungen erfolgt in erster Linie durch den Elastomerkranz, der von den Herstellern in unterschiedlichen Härten angeboten wird.

Torsionssteife Kupplungen

Die fortschreitende Automatisierung innerhalb der industriellen Fertigung hat dazu geführt, dass zunehmend hochdynamische, geregelte Antriebe in die Fertigungsabläufe integriert werden. Insbesondere im Antriebsbereich kommen daher zuverlässige, auf die jeweilige Anwendung abgestimmte Präzisionskupplungen zum Einsatz. Ein wesentlicher Kupplungstyp im Bereich der Präzisionskupplungen ist die Metallbalgkupplung, die sich als vielseitiges Antriebselement bewährt hat. Im Folgenden werden sowohl der Aufbau und die Eigenschaften, die Kupplungsauslegung und Steckbarkeit (steckbare Kupplung) als auch die Anwendungsgebiete der Metallbalgkupplung beschrieben und anhand von Praxisbeispielen erklärt.

Metallbalg-kupplung

Aufbau

Moderne Metallbalgkupplungen (Abb. 7) bestehen grundsätzlich aus zwei Bauteilen: einem Edelstahlmetallbalg und unterschiedlich ausge-

Abb. 7: Metallbalgkupplungen für Drehmomente von 0,1 bis 38 000 Nm

Abb. 8:
Aufbau einer Metallbalgkupplung
1, 2 Naben aus Aluminium oder Stahl
3 Metallbalg aus Edelstahl

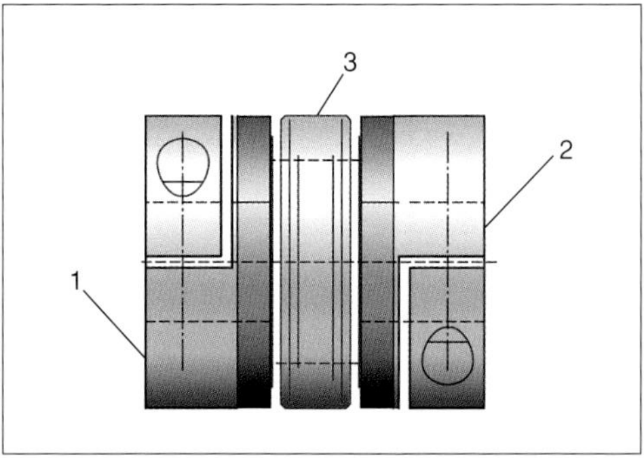

Naben und …

… Edelstahl-metallbalg

führten Naben. Je nach Applikation und den darauf abgestimmten geometrischen Abmessungen werden Naben als Flansche, Klemmnaben, Spreizdorne oder Konusspannsätze ausgeführt. Während die Nabe für die Anbindung der Kupplung an die An- und Abtriebsseite sorgt, ist es die Aufgabe des meist doppelwandig ausgeführten, zwischen An- und Abtriebsnabe positionierten Edelstahlmetallbalgs, die baubedingt auftretenden Fluchtungsfehler der zu verbindenden An- und Abtriebswelle zu kompensieren. Mit einer Metallbalgkupplung (Abb. 8) lassen sich Drehmomentbereiche von 0,1 bis 38 000 Nm und Bohrungsdurchmesser von 3 bis 180 mm abdecken.

Eingesetzte Werkstoffe

Naben

Wie bereits erwähnt, ermöglichen die Naben die Verbindung der Kupplung mit der An- und Abtriebsseite. Als Nabenwerkstoffe kommen Aluminium, Stahl oder auch Edelstahl zum Einsatz. Setzt man für kompakte Kupplungen Aluminium ein, ist es notwendig, hochfestes Aluminium zu verwenden. Somit können ausreichend hohe Klemmkräfte zur Übertragung der geforderten Drehmomente bei gleichzeitig kleinsten Kupplungsabmessungen erreicht werden. Eine zusätzliche Veredelung der

Naben wird durch Vernickeln, Verzinken, Eloxieren oder Oxidieren erzielt.

Edelstahlmetallbalg
Der Edelstahlmetallbalg übernimmt zwei Funktionen im Antriebsstrang. Zum einen überträgt er Drehbewegungen und zum anderen kompensiert er Fluchtungsfehler. Diese Ausgleichsfunktion spielt eine wesentliche Rolle innerhalb des gesamten Antriebsstrangs. Würde das Drehmoment über eine starre Anbindung von Antriebs- und Abtriebswelle übertragen, wären die durch den Versatz auftretenden Rückstellkräfte möglicherweise zu groß und könnten Lagerschäden verursachen. Der Metallbalg ist bei torsionssteifen Kupplungen das einzige Ausgleichselement, das während des Dauerbetriebs alle drei möglichen Versatzarten (axial, angular, lateral) kompensiert. Bei Standardanwendungen sind Ausgleichswerte im angularen Bereich von bis zu 2° und im lateralen Bereich von bis zu 0,35 mm möglich. Diese Ausgleichswerte sind allerdings keine absoluten Grenzwerte. Für Sonderlösungen kann die Wellenanzahl des Metallbalgs auf bis zu 20 erhöht und somit entsprechend größere Ausgleichswerte erreicht werden.

Kompensation aller Versatzarten

Die Verbindung von Naben und Edelstahlmetallbalg erfolgt bei Metallbalgkupplungen, die ein Drehmoment bis zu 500 Nm übertragen, über eine doppelseitige Klebung, bei Metallbalgkupplungen, die ein Drehmoment über 500 Nm übertragen, über eine Schweißverbindung. Alle Metallbalgkupplungen werden auf speziell angefertigten Dornen endmontiert, um eine zuverlässige Rundlaufgenauigkeit und eine gute Laufruhe sicherzustellen. Diese Art der Endmontage hat den Vorteil, dass die Kupplung beim Einbau in den Antriebsstrang keine auf die Lager wirkenden Rückstellkräfte entwickelt und diese somit weniger belastet werden. Dadurch können

Klebe- oder Schweißverbindung

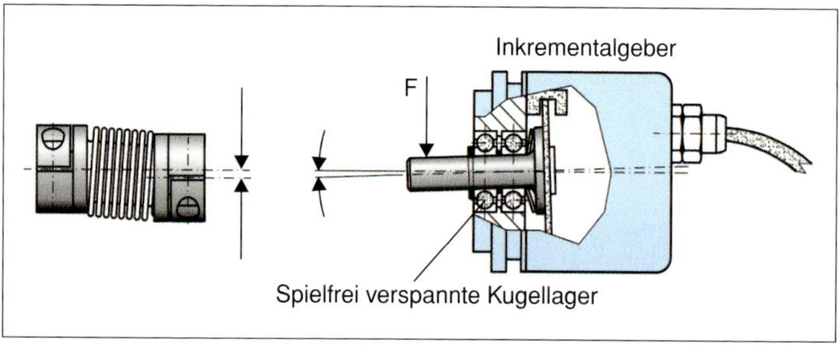

Abb. 9: Zusätzliche Lagerbelastung durch ungenaue Fertigung der Kupplung

Wartungsintervalle verlängert und Kosten eingespart werden. Abbildung 9 zeigt die Kräfte, die als Folge einer ungenauen Fertigung der Kupplung auf den Antriebsstrang wirken können.

Eigenschaften

Drehstarre flexible Kupplungen sollten gemäß Definition eine möglichst hohe Steifigkeit in Drehrichtung aufweisen. Die Federsteifigkeit in axialer, angularer und lateraler Richtung sollte dagegen möglichst gering sein, damit der Antriebsstrang nicht durch Querkräfte belastet wird. Metallbalgkupplungen verfügen in Drehrichtung über eine sehr hohe Torsionssteifigkeit. Dies bedeutet, dass sich die Kupplung unter Drehmomentbelastung nur minimal verdreht. In der Regel liegt der Verdrehwinkel unter 0,05°. Diese Eigenschaft nutzt man, um rotatorische Bewegungen mit geringstmöglichem Verdrehwinkel von der Antriebs- auf die Abtriebsseite zu übertragen. Der Vorteil einer drehstarren Metallbalgkupplung liegt darin, dass beispielsweise bei Positionierantrieben die Positions- oder Wegmessung direkt am Motor und nicht mit Hilfe aufwändiger Sensorik an der Abtriebsseite durchgeführt werden kann.

Verdrehwinkel unter 0,05°

Mit Versätzen zwischen Antriebs- und Abtriebswellenzapfen (Abb. 10) muss in der Pra-

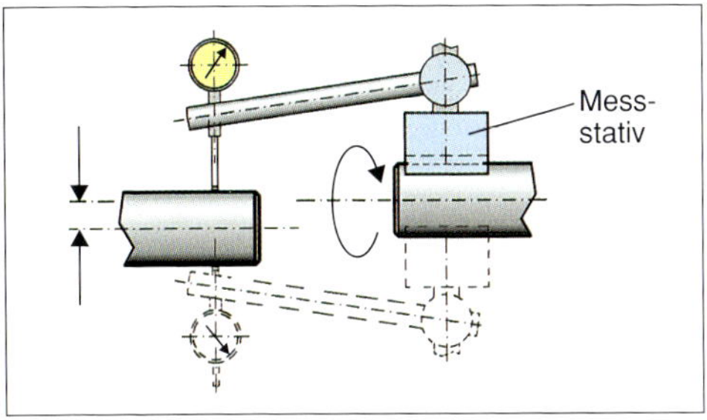

Abb. 10: Fluchtungsfehler der beiden Wellen zueinander sind minimal zu halten (möglicher Ausrichtvorgang).

xis gerechnet werden. Die Metallbalgkupplung mit Edelstahlbalg ist in der Lagc, diese Versätze zu kompensieren. Die bei axialen und angularen Fluchtungsfehlern auftretenden Rückstellkräfte können nahezu vernachlässigt werden. Dagegen sind die Rückstellkräfte, die bei lateralen Versätzen entstehen, fünf- bis zehnmal größer als die Rückstellkräfte, die bei angularen oder axialen Versätzen auftreten. Dennoch können auch die bei lateralen Versätzen wirkenden Rückstellkräfte vernachlässigt werden, da weitere Komponenten im An- und Abtriebsstrang so dimensioniert sind, dass die maximal aufnehmbaren Querkräfte um ein Vielfaches über den bei Lateralversätzen üblichen Rückstellkräften liegen.

Flexible Anpassung möglich

Aufgrund ihrer Bauart ist die Metallbalgkupplung ein Verbindungselement, das sich meist problemlos für nahezu alle Anwendungen einsetzen lässt. Insbesondere die Option, Wellenzahl oder Wandstärke des Balgs zu verändern, ermöglicht eine flexible Anpassung an die meisten Anwendungsfälle.

Metallbalgkupplungen decken einen großen Temperatur- und Drehzahlbereich ab. Da beide Hauptkomponenten, Naben und Metallbalg, nur aus metallischen Werkstoffen bestehen, können Metallbalgkupplungen in geschweißter Ausführung innerhalb eines Temperaturbereichs von –50 °C bis +250 °C ohne Probleme eingesetzt werden. Aufgrund des symmetrischen Aufbaus und der Steifigkeit des Metallbalgs lassen sich mit Metallbalgkupplungen Drehzahlen von mehr als 100 000 U/min erreichen. Die Fliehkräfte, die bei diesen Umdrehungsgeschwindigkeiten auftreten, sind wegen des geringen Eigengewichts des Metallbalgs relativ klein. Die bereits angesprochene Torsionssteifigkeit trägt ebenfalls dazu bei, dass Metallbalgkupplungen in derartig hohen Drehzahlbereichen eingesetzt werden können.

Hohe Drehzahlen erreichbar

Tabelle 1 zeigt, dass das Gewicht des Metallbalgs im Verhältnis zum übertragbaren Drehmoment sehr klein ist. Ein Beispiel verdeutlicht dieses Verhältnis. Wenn ein Gewicht von 50 kg an einem Hebel von 20 mm Länge anliegt, entsteht ein Drehmoment von 10 Nm. In diesem Fall ist das Gewicht des Metallbalgs um ein 2700-faches kleiner als die Kraft, die am Radius anliegt.

Tab. 1: Vergleich Drehmomentübertragung und Gesamtgewicht des Metallbalgs

	Drehmoment	Gesamtgewicht
Balg 1	1 Nm	0,004 kg
Balg 2	10 Nm	0,018 kg
Balg 3	150 Nm	0,128 kg
Balg 4	800 Nm	0,464 kg

Abschließend noch einmal alle Eigenschaften der Metallbalgkupplung im Überblick:

- Hohe Verdrehsteifigkeit
- Sehr geringe Rückstellkräfte
- Hoher Ausgleich von Versätzen
- Drehzahlbereich bis über 100 000 U/min
- Lebensdauerfest
- Absolut spielfrei
- Einsatztemperatur von –50 bis +250 °C
- Exakte Übertragung von Winkel- und Drehmoment
- Verschleiß- und wartungsfrei

Auslegung und Dimensionierung

Für die Dimensionierung von Metallbalgkupplungen sind verschiedene Auslegungsverfahren möglich. Welches Verfahren gewählt wird, liegt in der Regel am vorgesehenen Einsatzgebiet der Kupplung und an der sich daraus ableitenden Beanspruchung. Generell gibt es drei Beanspruchungsarten, die im Folgenden beschrieben werden.

Harmonische Beanspruchung

Unter einer *harmonischen Beanspruchung* versteht man, dass während des Betriebs keine oder nur minimale Drehmomentstöße oder Drehrichtungsänderungen auftreten. Die Kupplung wird durch das gleichmäßig harmonisch anliegende Drehmoment ohne Lastspitzen beansprucht. Diese Beanspruchungsart kommt häufig bei Fördereinheiten vor. Bei der *periodischen Beanspruchung* erfolgt die Belastung der Kupplung in periodischen Zyklen. Neben dem Nenndrehmoment treten Spitzenmomente, Drehmomentstöße und schwellende Stoßbelastungen in den jeweiligen Zyklen regelmäßig auf. Deshalb sollte die Kupplung nicht nur auf Nenndrehmomente, sondern auch auf Spitzendrehmomente ausgelegt werden. Bei einer *nichtperiodischen Beanspruchung* können neben den für die periodische Beanspruchung genannten Drehmomenten gleichzeitig auch unvorhergesehene Belastungen auftreten. Diese Belastungen, die beispielsweise durch Stöße verursacht werden, sind vom Einsatzgebiet abhängig. Da die Kupplung während der Zyklen auf unterschiedlichste Weise beansprucht wird, muss sie ausreichend groß dimensioniert sein.

Periodische Beanspruchung

Nichtperiodische Beanspruchung

Aufgrund der zahlreichen möglichen Anwendungen und des breiten Einsatzspektrums von Übertragungselementen wurde im August 1986 speziell für die Kupplungsauslegung ein Teil 2 zur DIN 740 verfasst. Dieser befasst sich ausschließlich mit der Auslegung von Kupplungen, um eine Vereinheitlichung der Kupplungsdimensionierung trotz unterschiedlichster Einsatzgebiete zu ermöglichen. Neben den torsionssteifen Kupplungen beinhaltet dieser Normteil auch Grundlagen für schwingungsdämpfende Kupplungen. Nachfolgend sollen die vier wichtigsten, in der Norm angeführten Auslegungsmethoden vorgestellt und beschrieben werden.

Auslegung nach dem Drehmoment

Ansetzen des 1,5-fachen Werts

Die Auslegung nach dem Nenndrehmoment ist die am häufigsten eingesetzte Methode der Kupplungsbestimmung. Dabei sollte das Nenndrehmoment der Kupplung mindestens mit dem 1,5-fachen Wert des Nenndrehmoments der Antriebsseite angesetzt werden.

$$T_{KN} \geq 1{,}5 \cdot T_{AN}$$

T_{KN} Nenndrehmoment der Kupplung [Nm]
T_{AN} Nenndrehmoment der Antriebsseite [Nm]

Das Nenndrehmoment der Antriebsseite T_{AN} findet man meist auf dem Typenschild der jeweiligen Antriebsmaschine. Fehlt diese Angabe, so kann T_{AN} über das Verhältnis der Anlagenleistung zur Drehzahl sehr leicht bestimmt werden. Die im Maschinenbau übliche Zahl 9550 kann als eine Konstante zur Umrechnung in die Einheit Nm betrachtet werden. Die Formel lautet:

$$T_{AN} = 9550 \cdot \frac{P_{AN}}{n}$$

P_{AN} Anlagenleistung [kW]
n Drehzahl [1/min]

Diese Art der Berechnung schließt allerdings Drehmomentspitzen oder Stoßbelastungen nicht mit ein. Um dem Anwender dennoch ausreichende Sicherheit zu bieten, werden Metallbalgkupplungen mit dem vier- bis fünffachen Sicherheitsfaktor hergestellt. Die Auslegung nach dem Nenndrehmoment ist ein überschlägiges und deshalb vor allem ein zeitsparendes Auslegungsverfahren.

Beaufschlagung mit Sicherheitsfaktor

Auslegung nach dem Beschleunigungsmoment

Die Auslegung nach dem Beschleunigungsmoment sollte bei hochdynamischen Antrieben erfolgen. Für diese Berechnung werden neben dem Spitzendrehmoment der Antriebsmaschine die Daten der Trägheitsmomente von An- und Abtrieb benötigt. Der Quotient aus dem Trägheitsmoment der Abtriebsseite und dem Gesamtträgheitsmoment der Anlage spiegelt das Verhältnis der Massenverteilung im Antrieb wider, denn die Kupplung wird bei Drehzahländerung nur durch das Trägheitsmoment der Abtriebsseite belastet. Der angegebene Stoß- oder Lastfaktor S_A ist ein Multiplikationsfaktor, dessen Zahl je nach Beanspruchungsart variiert. Das aus der Berechnung resultierende maximale Beschleunigungs- bzw. Verzögerungsmoment (rechter Term) sollte kleiner oder höchstens gleich groß wie das Nenndrehmoment der Kupplung sein.

Verhältnis der Massenverteilung

$$T_{KN} \geq T_{AS} \cdot S_A \cdot \frac{J_L}{J_A \cdot J_L}$$

T_{AS} Spitzendrehmoment der Antriebsseite [Nm]

S_A Stoß- oder Lastfaktor

J_A Trägheitsmoment Antriebsseite [kgm^2]

J_L Trägheitsmoment Abtriebsseite [kgm^2]

Stoß- oder Lastfaktor

Im Allgemeinen wird der Stoß- oder Lastfaktor in drei Gruppen aufgeteilt:

- $S_A = 1$ (harmonische Beanspruchung)
- $S_A = 2$ (periodische Beanspruchung)
- $S_A = 3–4$ (nichtperiodische Beanspruchung)

Es wird deutlich, dass der Faktor/Einfluss der Trägheitsmomente bei Drehzahländerungen für die Belastung der Kupplung eine ganz wesentliche Rolle spielt. Die Erfahrung in der Praxis zeigt, dass bei der Auslegung der Kupplung nach dem Beschleunigungsmoment die Kupplungen teilweise auf ein Vielfaches des Nenndrehmoments ausgelegt werden müssen.

Auslegung nach der Resonanzfrequenz

Jeder Körper und jede Komponente im Antriebsstrang hat eine Eigenfrequenz (Resonanzfrequenz), deren Wert in Hertz oder in Umdrehung pro Minute (Eigenschwingungszahl) angegeben werden kann. Im Bereich der Resonanzfrequenz sollte eine Anwendung niemals betrieben werden. Mit den nachfolgenden Berechnungsformeln kann sowohl die Resonanzfrequenz der Kupplung als auch die Resonanzfrequenz des gesamten Antriebsstrangs überschlägig berechnet werden. Als Voraussetzung für die Berechnung ist das Zusammenfassen der Trägheitsmomente der einzelnen Komponenten notwendig. Somit lässt sich das Gesamtträgheitsmoment ermitteln.

Zusammenfassen der Trägheitsmomente

Die Torsionssteifigkeit der gesamten Anwendung hat ebenfalls großen Einfluss auf die Schwingungen.
Die Berechnung der Resonanzfrequenz in der Einheit Hertz (Hz) erfolgt durch die Formel

$$f_e = \frac{1}{2 \cdot \pi} \cdot \sqrt{C_T \cdot \frac{J_A + J_L}{J_A \cdot J_L}},$$

die Berechnung der Eigenschwingungszahl in der Einheit 1/min durch die Formel

$$n_e = \frac{30}{\pi} \cdot \sqrt{C_T \cdot \frac{J_A + J_L}{J_A \cdot J_L}} \, .$$

f_e Resonanzfrequenz des Systems [Hz]
C_T Torsionssteifigkeit der Kupplung [Nm/rad]
n_e Eigenschwingungszahl des Systems [1/min]

Ersatzmodell Zwei-Massen-System

Als Ersatzmodell für die Berechnung der Resonanzfrequenz der Kupplung oder des gesamten Antriebstrangs kann auch mit dem Zwei-Massen-System gerechnet werden (Abb. 11). Dieses fasst alle wichtigen Komponenten des Antriebsstrangs zusammen und erleichtert die Berechnung. Wird die Berechnung nur für die Kupplung durchgeführt, gilt in der Praxis, dass die errechnete Resonanzfrequenz mindestens zweimal größer sein sollte als die Erregerfrequenz des Antriebs.

$$f_e \geq 2 \cdot f_{er}$$

f_e Resonanzfrequenz des Zwei-Massen-Systems [Hz]
f_{er} Erregerfrequenz des Antriebs [Hz]

Somit ist gewährleistet, dass durch Schwingungen der Kupplung bedingte Einflüsse auf den gesamten Antriebsstrang vernachlässigt werden können.

Nachteil: hoher Zeitaufwand

Nachteil der Auslegung nach der Resonanzfrequenz oder dem Zwei-Massen-System im Vergleich zu den anderen beschriebenen Auslegungsverfahren ist der hohe Zeitaufwand. Die Massenträgsheitsmomente der im gesamten Antriebsstrang vorkommenden rotatorischen Körper sind aufgrund deren komplexer Geometrie schwer zu berechnen. Die Kupplungsauslegung nach der Resonanzfrequenz wird

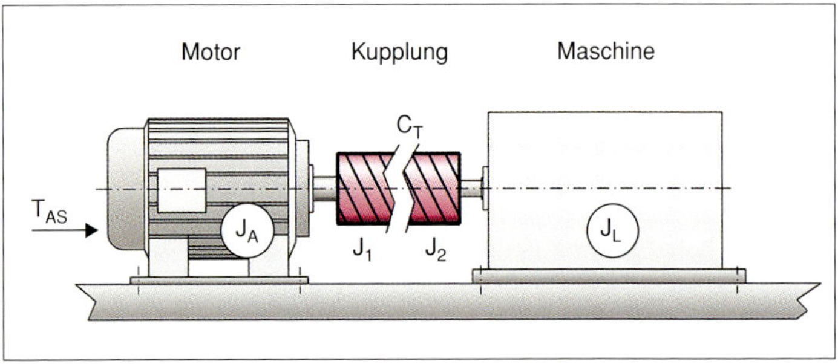

Abb. 11: Zwei-Massen-System als Praxisbeispiel

beispielsweise bei Anwendungen im Prüfstandbau oder bei Anwendungen mit sehr hohen Drehzahlen eingesetzt.

Auslegung nach der Torsionssteifigkeit
Bei der Auslegung und Konstruktion von Maschinenanlagen spielt die Torsionssteifigkeit der gesamten Anlagen eine wesentliche Rolle. Ob eine Maschine steif oder dämpfend ausgelegt wird, hängt von der jeweiligen Anwendung ab. Grundsätzlich sollte die Steifigkeit aller Einzelkomponenten und somit auch die Steifigkeit der Kupplung berücksichtigt werden.
Die Theorie sagt, dass ein Körper sich unter einer bestimmten Belastung (Drehmoment) um einen definierten Winkel verdreht. Der Grad der Verdrehung wird durch die Steifigkeit des Körpers (arbeitet gegen das Drehmoment) festgelegt (Abb. 12). Die nachfolgende Formel veranschaulicht diese Beziehung.

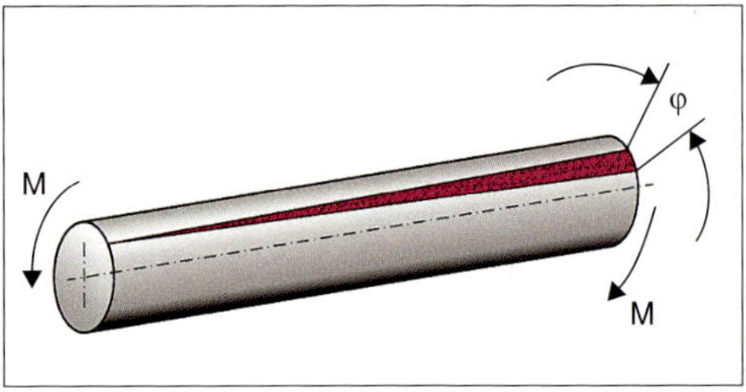

Abb. 12: Unter Belastung durch ein Drehmoment entstehender Verdrehwinkel

$$\varphi = \frac{180}{\pi} \cdot \frac{T_{AS}}{C_T}$$

φ Verdrehwinkel [°]

Veränderung der Steifigkeit

Die Steifigkeit der Kupplung lässt sich über ein Ausgleichselement (Metallbalg) problemlos verändern. Die Veränderungen können durch die Wandstärke des Edelstahls, durch die Anzahl der Schichten oder die Länge des Balgs erreicht werden. Die Steifigkeit des Metallbalgs spielt beispielsweise bei Positionierantrieben eine wesentliche Rolle. Je höher die Steifigkeit ist, desto schneller kann die Abtriebsseite in Position gebracht werden.

Abschließend ist zu erwähnen, dass Art und Methode der Dimensionierung letztendlich vom Konstrukteur durchgeführt werden müssen. Hilfreich an dieser Stelle sind Kupplungshersteller, die durch ihr Know-how und jahrelange Erfahrung im Maschinenbau Unterstützung leisten können.

Steckbare Kupplungen

Für schwierige Montagesituationen

Bei der Verwendung herkömmlicher Steckkupplungen musste der Anwender früher unter anderem Nachteile wie Verschleiß, Spiel und hohe Rückstellkräfte in Kauf nehmen. Heute bietet eine spielfreie steckbare Kupplung die Vorteile einer torsionssteifen Metallbalgkupplung. Die steckbare Kupplung eignet sich besonders für komplexe, schwer zugängliche Montagesituationen, da die beiden vorab montierten Kupplungshälften einfach nur zusammengesteckt werden müssen. Dadurch entfallen im Zwischenflansch aufwändige Montagebohrungen für die Klemmschrauben der Kupplungsnaben und im Demontagefall das Suchen und Ausjustieren der Schraubenposition. Das Steck- oder das Balgsegment der Kupplung kann ohne ein Lösen der Schrauben einfach nach hinten abgezogen werden (Abb. 13). Mit der steckbaren Kupplung lassen sich Drehmomentbereiche von 0,1 bis 1500 Nm und Bohrungsdurchmesser von 3 bis 80 mm abdecken. Klemmverbindungen gibt es als Klemmnabenausführung mit seitlichen Schrauben nach ISO 4762 oder als axial montierbare Konusklemmnaben mit hoher Betriebssicherheit.

Hochfestes Stecksegment aus Kunststoff

Das funktionelle Stecksegment besteht aus einem speziellen Hochleistungsthermoplast. Der Kunststoff ist aufgrund seiner Eigenschaften für höchste mechanische, chemische und thermische Belastungen geeignet. Durch Beimischung von 40 % Glasfaseranteil erreicht der Thermoplast ähnliche Festigkeitswerte wie Stahl. Für die Nabenausführung wird wahlweise hochfestes Aluminium, Stahl oder Edelstahl verwendet. Diese Materialien können beispielsweise noch durch Vernickeln, Verzinken oder Oxidieren veredelt werden.

Das Steckprinzip der steckbaren Kupplung bedient sich der axialen Federwirkung des Metallbalgs, um ein Konusstecksegment in ein konisches Gegenstück axial vorzuspannen. Diese Federwirkung wird genutzt, um das nabenseitige Kunststoffelement, das über selbstzentrie-

Abb. 13: Die Montage von steckbaren Metallbalgkupplungen bringt bis zu 80 % Zeitersparnis.

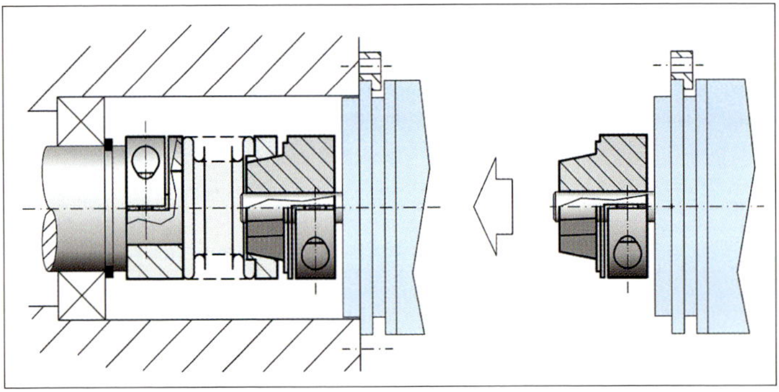

rende Mitnehmernasen verfügt, in die Konusaufnahme zu drücken. Bereits eine axiale Vorspannung des Metallbalgs von 0,2 mm gewährleistet eine absolut spielfreie Drehmomentübertragung. Das Konusstecksegment garantiert einen verschleiß- und wartungsfreien Dauerbetrieb. Das Konzept mit Balganbau und glasfaserverstärktem Kunststoffstecksegment stellt die Steifigkeit des Systems sicher (Abb. 14). Darü-

Abb. 14: Steckbare Metallbalgkupplungen für Drehmomente von 0,1 bis 1500 Nm

ber hinaus wirkt die Kupplung elektrisch isolierend und leicht schwingungsdämpfend. Ein Kaltverschweißen der beiden Kupplungshälften aufgrund von Versätzen und Schwingungen ist ausgeschlossen, weil beide Kupplungshälften aus verschiedenen Materialien bestehen.

Synchron- und Mehrfachsteckung

Bei der Steckverbindung stehen zwei verschiedene Ausführungen zur Wahl (Abb. 15): die Synchron- und die Mehrfachsteckung. Die Synchronsteckung erlaubt die Montage nur in einer Position. Ein falsches Zusammenstecken der Kupplung ist ausgeschlossen und die winkelgenaue Position ermöglicht die Wieder-

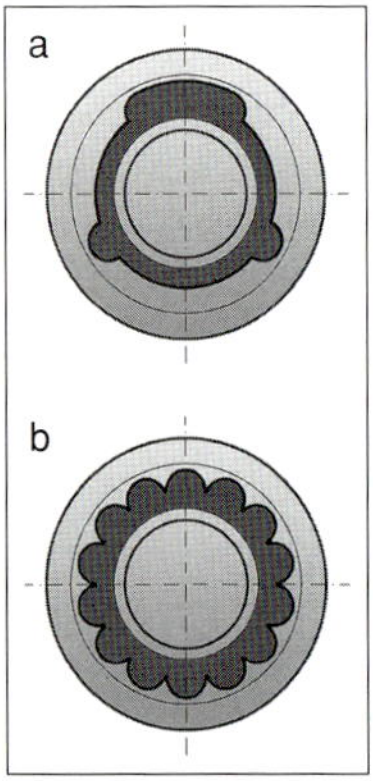

Abb. 15: Synchron- (a) und Mehrfachsteckung (b) für Metallbalgkupplungen

inbetriebnahme ohne nachträgliches Einstellen oder Ausjustieren. Die Mehrfachsteckung ermöglicht die für bestimmte Anwendungen geforderte Blindmontage. Speziell konisch geformte Mitnehmerklauen lassen die Verbindung von An- und Abtriebsseite in jeder Position zu (Selbstfindung).
Der gezielte Einsatz einer steckbaren Metallbalgkupplung, die im Servicefall die schnelle und problemlose Montage bzw. Demontage der Anlagenkomponenten ermöglicht, bietet dem Anwender in der Serienfertigung kürzere Reaktionszeiten und vermindert somit die Produktionsausfallkosten.

Anwendungsgebiete

Wie bereits beschrieben, sind Metallbalgkupplungen vielfältig einsetzbar. Sie lassen sich entsprechend ihrer Baugröße in zwei Gruppen mit jeweils unterschiedlichen Anwendungsschwerpunkten unterteilen. Zu der ersten Gruppe zählen Miniaturmetallbalgkupplungen (Abb. 16). Diese umfassen Drehmomentbereiche von 0,01 bis 10 Nm und Wellendurchmesser von 2 bis 28 mm. Miniaturmetallbalgkupplungen kommen im Wesentlichen in Impulsgebern, Tachos, Potentio-

Abb. 16: Miniaturmetallbalgkupplungen für Drehmomente von 0,05 bis 10 Nm

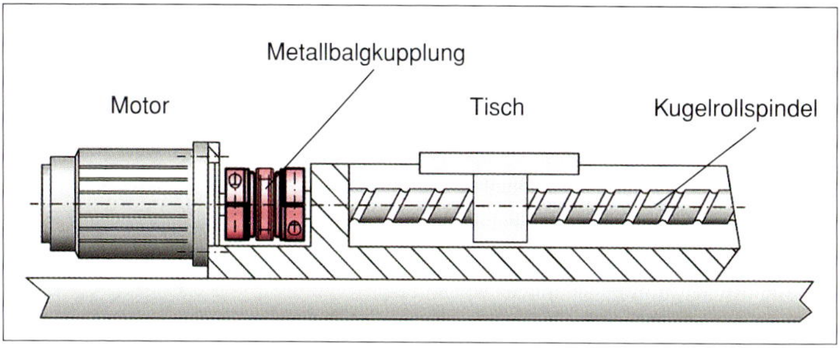

metern, kleinen Servoantrieben, Schrittmotoren sowie in Mess- und Regelsystemen zum Einsatz. Die zweite Gruppe wird von Metallbalgkupplungen gebildet, die ein Drehmoment von 15 bis 38 000 Nm übertragen und einen Wellendurchmesser von 3 bis mehr als 180 mm aufnehmen können. Diese Kupplungen werden häufig in hochdynamischen Servoachsen (Abb. 17) eingesetzt, die beispielsweise in

Abb. 17: Praxisbeispiel: Die Metallkupplung verbindet den Servomotor mit der Kugelrollspindel.

- Werkzeugmaschinen,
- NC-Fräsmaschinen,
- Holzbearbeitungsmaschinen,
- Verpackungsmaschinen,
- Automatisierungsanlagen,
- Gravurmaschinen,
- Druckmaschinen,
- Industrierobotern oder im
- allgemeinen Maschinenbau

zur Anwendung kommen. Die Unterschiedlichkeit der Anwendungsgebiete schließt eine Vielzahl von weiteren Applikationen mit ein. Letztendlich kommt die Metallbalgkupplung vor allem in Anwendungen zum Einsatz, bei denen eine exakte Drehmomentübertragung und ein gleichzeitiger Versatzausgleich gefordert ist.

Schwingungsdämpfende Kupplungen

Ihre heutige Bedeutung in vielen Bereichen des Maschinenbaus verdanken Elastomerwerkstoffe ihrem großen Dehnungsvermögen bei gleichzeitig ausreichender Festigkeit sowie ihren federnden und dämpfenden Eigenschaften. In der Antriebstechnik werden Elastomerkupplungen (Abb. 18) zur Dämpfung rotatorischer Bewe-

Abb. 18: Elastomerkupplungen für Drehmomente von 2 bis 2200 Nm

gungen vornehmlich in Bereichen eingesetzt, in denen Schwingungen bzw. stoßartige Belastungen erwartet werden. Eine weitere Aufgabe dieses Kupplungstyps ist der Ausgleich des Versatzes unzureichend fluchtender Wellen.

Aufbau

Elastomerkupplungen oder so genannte Klauenkupplungen bestehen aus zwei Bauteilen: dem Elastomerkranz sowie unterschiedlich

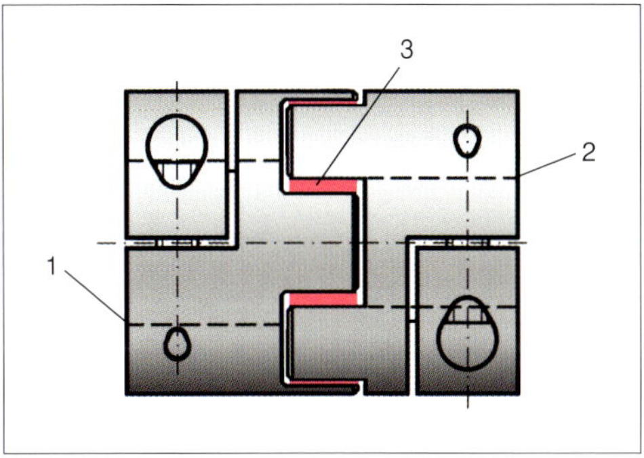

Abb. 19: Aufbau der Elastomerkupplung
1, 2 Naben aus Aluminium oder Stahl
3 Elastomerkranz aus TPU

Naben- und …

ausgeführten Naben (Abb. 19). Die Nabe wird wie bei den Metallbalgkupplungen zur Anbindung von Antriebs- und Abtriebswelle oder von Flanschen benötigt. Je nach geometrischer Form der An- und Abtriebsseite kann die Anbindung über Klemmnaben, geteilte Naben (so genannte Halbschalen), Konusspannsätze oder Passfedernuten erfolgen. Der Elastomerkranz, auch Elastomerstern genannt, ist aufgrund seines Aufbaus und der Materialeigenschaften in der Lage, dämpfend zu wirken sowie die Übertragung des Drehmoments und den Ausgleich von Fluchtungsfehlern zu ermöglichen. Der Drehmomentbereich, der mit einer Elastomerkupplung abgedeckt werden kann, beginnt bei ca. 2 Nm und endet erst bei mehr als 70 000 Nm. Der Bohrungsdurchmesserbereich reicht von 3 mm bis 200 mm.

… Elastomerkranz

Naben

Verwendete Werkstoffe

Für die Wahl des Nabenmaterials stehen vier Werkstoffe zur Verfügung. Neben hochfestem Aluminium und faserverstärktem Kunststoff kann optional Stahl oder Edelstahl eingesetzt werden. Die Nabenoberflächen können noch durch Eloxieren, Oxidieren, Verzinken oder Vernickeln veredelt werden. Elastomerkupplungen werden in der Standardausführung bis zu einer

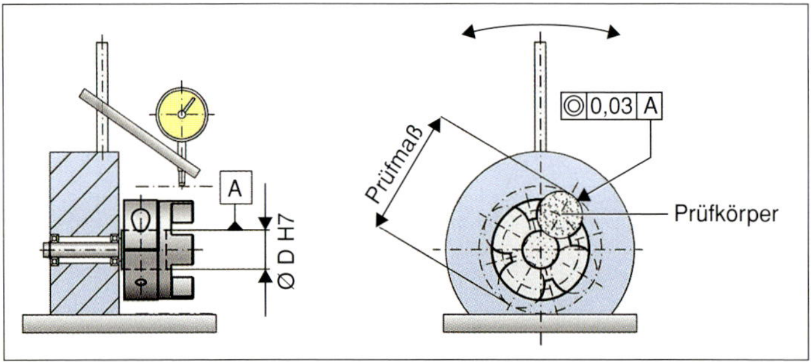

Abb. 20: Prüfaufbau zur Vermessung der Rundlaufgenauigkeit von Naben

Sicherstellung der hohen Passgenauigkeit

Drehzahl von 28 000 U/min eingesetzt. Bei diesen hohen Drehzahlen spielt die Rundlaufgenauigkeit sowohl der gesamten Kupplung als auch der einzelnen Nabe eine wesentliche Rolle. Entscheidend für eine gute Rundlaufgenauigkeit der Nabe ist eine hohe Passgenauigkeit (0,03 mm Toleranz) von Bohrung und Klauengeometrie. Um diese geringe Toleranz zu gewährleisten, werden die Naben in einer Führung aufgenommen und mittels spezieller Prüfkörper (entsprechen den Abmessungen der Klauentaschen) die Abweichungen der einzelnen Klauen gemessen. Abbildung 20 zeigt die Prüfung der Maßhaltigkeit schematisch dargestellt.

Elastomerkranz

Kompensation von Drehmomentstößen

Der Elastomerkranz verringert und kompensiert auftretende Drehmomentstöße durch seine elastische Speicherwirkung und durch Werkstoffdämpfung. Darüber hinaus dämpft er auf der An- und Abtriebsseite auftretende Schwingungen und filtert sie aus der Anwendung heraus. Ergebnis ist eine hohe Laufruhe der gesamten Applikation.

Je nach Anwendung treten unterschiedliche Schwingungen und Drehmomentstöße auf. Um diese auszugleichen, werden Elastomerwerkstoffe mit unterschiedlichen Härtegraden verwendet. Der Grad der Härte wird bei elasti-

Verschiedene Härtegrade

schen Materialien über die Shorehärte festgelegt. Zur Festlegung gibt es zwei unterschiedliche Prüfverfahren. Das Shore-A-Prüfverfahren misst die Eindringtiefe einer Kugel in den Prüfling, das Shore-D-Verfahren die Eindringtiefe einer spitzen Pyramide in den Prüfling. »Weiche« Elastomere werden nach dem Shore-A-Verfahren, »harte« Elastomere dagegen nach dem Shore-D-Verfahren gemessen.

TPU und Hytrel-Materialien

Für die Elastomerkränze kommen zwei Materialien zum Einsatz. Zum einen Thermoplastische Polyurethane (Abkürzung TPU), die als Standardmaterial gelten, da sie einen Temperaturbereich von –30 °C bis +120 °C und damit 90 % aller Anwendungen abdecken. Zum anderen Hytrel-Materialien (thermoplastische Polyesterelastomere), die über einen speziellen Aufbau verfügen und deshalb vor allem bei Anwendungen mit stark schwankenden Temperaturen (–60 °C bis +150 °C) eingesetzt werden.

Elastomerkränze mit …

… 80 Sh A, …

Entsprechend ihrem Eigenschaftsprofil lassen sich Elastomerkränze in vier Gruppen unterteilen (Abb. 21). Zur ersten Gruppe zählen Elastomerkränze mit sehr guter Dämpfung. Sie weisen eine Shorehärte von 80 Sh A auf und werden meist in Anwendungen eingesetzt, die durch starke Vibrationen gekennzeichnet sind (z. B. in Verbrennungskraftmotoren). Der Tem-

Abb. 21: Elastomerkränze für unterschiedliche Einsatzgebiete in verschiedenen Shorehärten

peratur- und Drehmomentbereich, den diese Elastomerkränze abdecken, ist aufgrund der Zusammensetzung des TPU-Materials kleiner als bei den Elastomerkränzen der anderen Gruppen. In der Regel können sie innerhalb eines Temperaturbereichs von –20 °C bis +80 °C und innerhalb eines Drehmomentbereichs von 2 bis 400 Nm eingesetzt werden.

… 98 Sh A, …

Die zur zweiten Gruppe zählenden Elastomerkränze besitzen eine gute Dämpfung, die durch eine Shorehärte von 98 Sh A erreicht wird. Im Vergleich zu den weicheren Elastomerkränzen der Gruppe 1 zeichnen sich diese durch einen größeren Temperatur- und Drehmomentbereich aus. Ferner ist der bei Drehmomentbelastung zwischen An- und Abtriebsnabe entstehende Verdrehwinkel um ca. den fünffachen Wert kleiner als bei Kupplungen mit weichem Elastomerkranz. Elastomerkränze der zweiten Gruppe sind die Ausgleichselemente, die am häufigsten bei schwingungsdämpfenden Kupplungen eingesetzt werden. Sie eignen sich für Drehmomente von 2 bis 1900 Nm und für Temperaturbereiche von –30 °C bis +100 °C.

… 64 Sh D

Die Elastomerkränze der dritten Gruppe verfügen bei einer Shorehärte von 64 Sh D über eine hohe Torsionssteifigkeit und ein eher geringes Dämpfungsvermögen. Sie decken im Vergleich mit den anderen Elastomerkränzen den größten Temperaturbereich (–30 °C bis +120 °C) ab und übertragen das höchste Drehmoment (bis zu 2150 Nm). Aufgrund der hohen Steifigkeit des Elastomerkranzes tritt unter Belastung der vergleichsweise kleinste Verdrehwinkel zwischen An- und Abtriebsseite auf. Drehmomentstöße und Schwingungen können deshalb nur bedingt gedämpft werden.

Elektrisch leitfähige Elastomerkränze

Die der vierten Gruppe zugerechneten Elastomerkränze zeichnen sich durch elektrische Leitfähigkeit aus, die durch Graphitanteile im Granulat erreicht wird. Ihre Shorehärte liegt bei 64 Sh D,

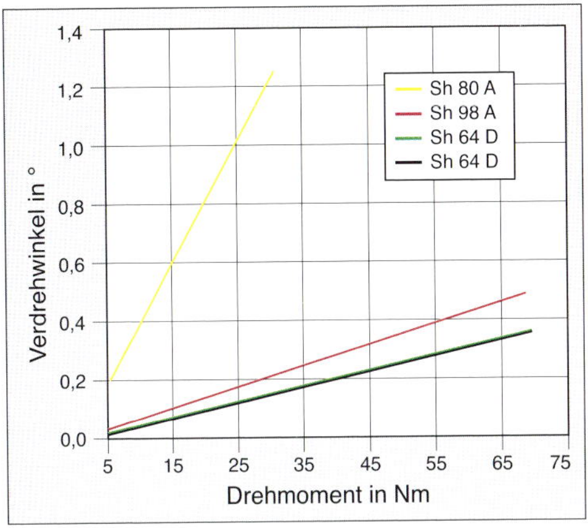

Abb. 22: Verdrehwinkel der Kupplung unter Belastung

der Temperaturbereich reicht von –10 °C bis +90 °C. Aufgrund der elektrischen Leitfähigkeit sind diese Elastomerkränze für explosionsgeschützte Anwendungen (ATEX-Anwendungen der Zone 1 und 2) geeignet. Die Nummern der Zonen geben an, wie hoch die Wahrscheinlichkeit ist, dass es zur Bildung einer explosionsfähigen Atmosphäre aus Luft und brennbaren Gasen, Dämpfen oder Nebeln kommt.

Shorehärte beeinflusst Verdrehwinkel

Abbildung 22 zeigt, dass sich mit der Shorehärte auch der Verdrehwinkel und somit die Torsionssteifigkeit des Elastomerkranzes ändert. Aufgrund des Zusammenhangs von Torsionssteifigkeit und Verdrehwinkel (siehe Kap. »Auslegung nach der Torsionssteifigkeit«, S. 26 f.) gilt die Regel: Je schwingungsdämpfender die Elastomerkränze sind, umso größer ist der Verdrehwinkel, je steifer die Elastomerkränze sind, umso kleiner ist er.

Eigenschaften

Neben den primären Aufgaben der Schwingungsdämpfung und der Drehmomentübertragung ist eine weitere Aufgabe der Elastomerkupplungen die Kompensation der möglichen drei Versatzarten. Darüber hinaus wirken die Kupplungen aufgrund der sich an der Stirnseite des Elastomerkranzes befindenden Nocken elektrisch isolierend.

Vorspannung durch Übermaß

Elastomerkupplungen zeichnen sich ebenfalls durch Spielfreiheit aus. Diese wird durch eine Vorspannung des Elastomerkranzes, der mit geometrischem Übermaß gefertigt wird, in der Klauengeometrie erreicht. Die Herstellung des Elastomerkranzes erfolgt mittels Spritzgussverfahren. Daraus ergeben sich Maßabweichungen vom Sollmaß, da im Spritzgussbereich nur innerhalb eines bestimmten Toleranzbereichs gefertigt werden kann. Damit dennoch alle Elastomerkränze gleiche Abmessungen aufweisen, werden Kalibrierungen durchgeführt.

Voralterung der Elastomerkränze

Diese Kalibrierung besteht darin, die Kränze künstlich vorzualtern. Aus der künstlichen Voralterung resultiert eine vergrößerte Auflagefläche des Kranzes, die dazu führt, dass die Druckbelastung auf den Kranz, wie in Abbildung 23 zu erkennen ist, nicht mehr punktuell, sondern über eine größere Fläche verteilt wirkt. Durch die großflächigere Verteilung wird der Kranz wesentlich weniger belastet (geringer Verschleiß) und damit die Lebensdauer der Kupplung erhöht. Gleichzeitig verbessert sich die Steckbarkeit der Kupplung. Darüber hinaus erreicht man Verbesserungen der Hystereseeigen-

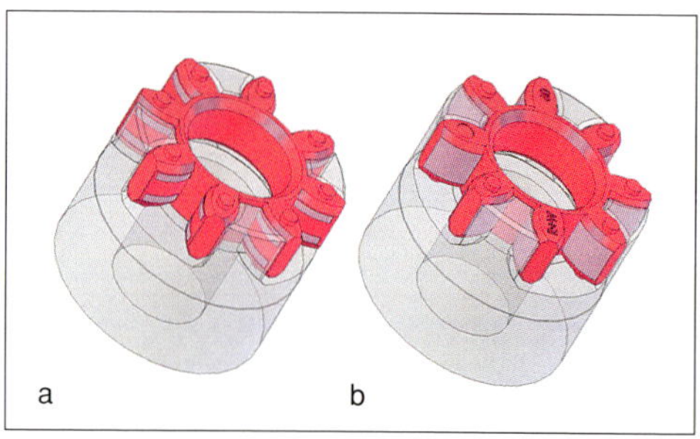

Abb. 23: Vergleich der Auflagefläche des Elastomerkranzes vor (a) und nach (b) der Kalibrierung

schaften und Rückstellkräfte. Die Hysteresekurve beschreibt das Verhalten der Kupplung zum Beispiel bei Drehrichtungsänderung. Durch die in diesem Fall zusätzlich auftretende Belastung (neben dem Nenndrehmoment) verformt sich der Elastomerkranz zuerst. Elastomerkupplungen, die nach Beendigung der zusätzlichen Belastungen wieder an den Ausgangspunkt zurückgehen, besitzen eine ausgezeichnete Hystereseeigenschaft.

Auslegung und Dimensionierung

Annäherung mit Hilfe von Korrekturfaktoren

Das Verhalten von im Antriebsstrang eingesetzten Elastomerkupplungen kann in der Regel nicht durch lineare Übertragungsfunktionen beschrieben werden, da Elastomerwerkstoffe Eigenschaften zeigen, die von Betriebsparametern wie Lastamplitude, Belastungsfrequenz oder Temperatur abhängen. Bei herkömmlichen Schwingungsberechnungen nähert man sich daher den von den Betriebsverhältnissen abhängigen Eigenschaften mit Hilfe von Korrektur- bzw. Sicherheitsfaktoren an. Im Folgenden werden die möglichen Faktoren, die das Verhalten von Elastomerkupplungen im Betrieb beeinflussen, beschrieben und anhand von Berechnungsformeln belegt.
Elastomerkupplungen werden wie Metallbalgkupplungen nach DIN 740 berechnet bzw. ausgelegt. Diese Norm beinhaltet *Sicherheitsfaktoren*, die eine wesentliche Bedeutung für das übertragbare Nenndrehmoment der Kupplung haben, da diese Faktoren direkt mit dem Drehmoment multipliziert werden.
Folgende Sicherheitsfaktoren müssen berücksichtigt werden:

- Temperaturfaktor
- Anlauffaktor
- Stoß- oder Lastfaktor

Temperaturfaktor

Der *Temperaturfaktor* beschreibt das Verhalten des Elastomerkranzes bei verschiedenen Temperaturen. Die aus TPU bestehenden Elastomerkränze sind aufgrund ihres Aufbaus sehr temperaturabhängig und wirken sich somit direkt auf die Drehmomentübertragung im Antriebsstrang aus. Um diesen Einfluss optimal in die Kupplungsberechnung mit einzubeziehen, muss der Temperaturfaktor sehr sorgfältig ausgewählt werden.

Beispiel: Gegeben ist eine Elastomerkupplung mit einem 98 Sh A harten Elastomerkranz und einem Nenndrehmoment von 60 Nm bei einer Temperatur von +60 °C. Der Temperaturfaktor aus dem Datenblatt des Kupplungsherstellers wird mit 1,4 angegeben. Würde die Kupplung bei dieser Temperatur ohne den Temperaturfaktor ausgelegt werden, könnte das geforderte Nenndrehmoment von 60 Nm nicht mehr übertragen werden. Das Grenzdrehmoment läge bei 43 Nm. Damit das geforderte Nenndrehmoment von 60 Nm erreicht wird, muss die Kupplung also auf 84 Nm ausgelegt werden.

$$T_{KN} = 60\ \text{Nm} \cdot 1{,}4$$

Anhand dieser einfachen Rechnung erkennt man, wie bedeutend der Temperaturfaktor bei der Elastomerkupplungsauslegung ist (Tab. 2).

Anlauffaktor

Der *Anlauffaktor* gibt Auskunft über die Häufigkeit der Anfahrvorgänge innerhalb einer Stunde. Da bei Anfahrt die Kupplung zusätzlich durch das Trägheitsmoment der Abtriebs-

Temperatur	Sh 98 A	Sh 64 D	Sh 80 A
–30 °C	1,5	1,7	1,4
+20 °C	1,0	1,0	1,0
+40 °C	1,2	1,1	1,3
+60 °C	1,4	1,3	1,5
+80 °C	1,7	1,5	1,8
+100 °C	2,0	1,8	2,1

Tab. 2: Temperaturfaktoren für Elastomerkupplungen mit verschiedenen Shorehärten

seite belastet wird, muss das Nenndrehmoment der Kupplung höher ausgelegt werden, um eine Beeinträchtigung der Lebensdauer zu vermeiden (Tab. 3).

Anläufe/h	bis 120	120 bis 240	Über 240
Faktor	1,0	1,3	Auf Anfrage

Tab. 3: Anlauffaktoren für Maschinenanläufe je Stunde

Stoß- oder Lastfaktor

Über den *Stoß- oder Lastfaktor* werden auf die Kupplung wirkende Stöße, Schläge und Drehrichtungsänderungen mit berücksichtigt. Diese Einflussfaktoren können die Lebensdauer der Kupplung deutlich vermindern. Damit die Vielzahl von Anwendungen allgemein beschrieben werden kann, sind durch die DIN 740 drei Beanspruchungsarten festgelegt (Tab. 4). Jeder dieser Beanspruchungsarten ist ein bestimmter Stoß- oder Lastfaktor zugeordnet.

Beanspruchung	Faktor
Gleichförmige, leichte, harmonische Beanspruchung	1,0
Ungleichförmige, periodische Beanspruchung ohne schwere Stöße, seltene Drehrichtungsumkehr	1,8
Hohe Dynamik, häufige Drehrichtungsumkehr, nichtperiodische Beanspruchung	2,5

Tab. 4: Stoß- oder Lastfaktoren für verschiedene Beanspruchungsarten

Aufgrund der Beanspruchungsarten kann es zu zwei möglichen Fällen der Auslegung kommen: Die Auslegung ohne Stoßfaktor (Faktor = 1,0) erfolgt bei gleichförmiger, leichter Beanspruchung, die Auslegung mit Stoßfaktor bei periodischer oder nichtperodischer Beanspruchung.

Auslegung ohne Stoßfaktor

Bei harmonischer Beanspruchung

Die Auslegung ohne Berücksichtigung des Stoßfaktors wird in der Regel bei einer harmonischen Beanspruchung gewählt. Diese Art der Beanspruchung bedeutet, dass während des Betriebs keine oder nur minimale Drehmomentstöße oder Drehrichtungsänderungen auftreten. Die Elastomerkupplung wird durch das gleichmäßig harmonisch anliegende Drehmoment ohne Lastspitzen beansprucht. Bei dieser Beanspruchungsart muss das Nenndrehmoment der Kupplung größer oder mindestens gleich dem Produkt aus Nenndrehmoment der Antriebsseite und dem Temperaturfaktor sein.

$$T_{KN} \geq T_{AN} \cdot S_{Temp}$$

T_{KN} Nenndrehmoment der Kupplung [Nm]
T_{AN} Nenndrehmoment der Antriebsseite [Nm]
S_{Temp} Temperaturfaktor

Vorgabe von Richtwerten

Der Temperaturfaktor kann aufgrund der unterschiedlichen Shorehärten in der Regel nicht bei allen Elastomerkupplungen angesetzt werden. Deshalb geben die Kupplungshersteller dafür spezielle Richtwerte vor. Abbildung 24 beschreibt den Prüfaufbau zur Bestimmung der einzelnen Temperaturfaktoren für die unterschiedlich harten Elastomerkränze. Der Prüfungsablauf

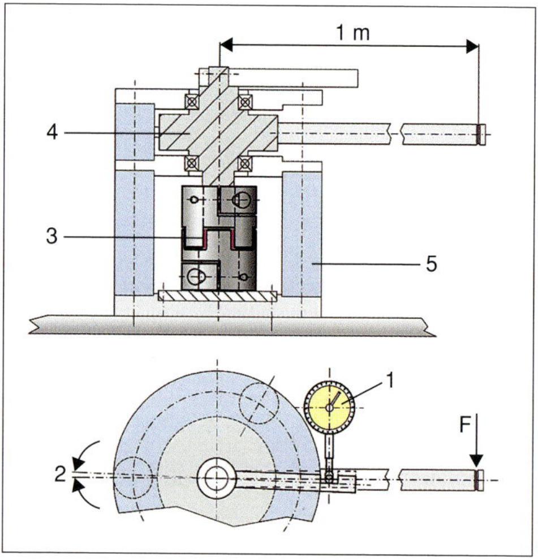

Abb. 24: Prüfaufbau zur Bestimmung einzelner Temperaturfaktoren
1 Messuhr
2 Verdrehwinkel
3 Prüfling
4 Demontierbares Oberteil
5 Stützbolzen

sieht folgendermaßen aus: Die Kupplung erfährt eine Auslenkung bei Raumtemperatur, wenn das Nenndrehmoment erreicht wird (Punkt 1). Die Messung findet über eine Präzisionsmessuhr statt. Der sich aufgrund der Auslenkung ergebende Winkel ist der Richtwert bzw. der maximale Verdrehwinkel für die nachfolgende Versuchsreihe (Punkt 2). Danach werden die Elastomerkränze zusammen mit den beiden komplett montierten Naben auf die gewünschte Temperatur erhitzt oder abgekühlt. Eine nochmalige Belastung des maximal zulässigen Verdrehwinkels, der bei 20 °C ermittelt wurde, ergibt das übertragbare Drehmoment (Punkt 3). Dieser Wert ist mit dem Nenndrehmoment bei Raumtemperatur ins Verhältnis zu setzen. Dieser Quotient ergibt nun den Temperaturfaktor (Punkt 4). Das Diagramm

Bestimmung des Temperaturfaktors

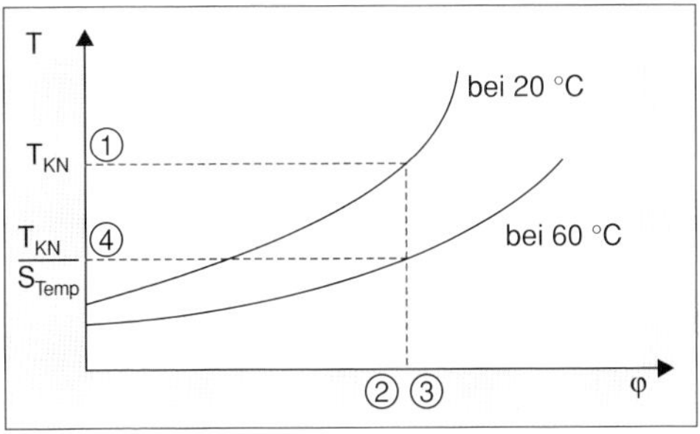

Abb. 25: Diagramm zur Ermittlung der Temperaturfaktoren für Elastomerkupplungen

T Drehmoment

T_{KN} Nenndrehmoment der Kupplung

$\frac{T_{KN}}{S_{Temp}}$ Verhältnis Nenndrehmoment der Kupplung zu ermittelndem Temperaturfaktor

φ Verdrehwinkel

(Abb. 25) zeigt die Abhängigkeit der Steifigkeit des Elastomerkranzes von der Temperatur. Zu erkennen ist, dass der Elastomerkranz bei 20 °C unter einem festgelegten Verdrehwinkel ein höheres Drehmoment überträgt als bei 60 °C. Ursache dafür ist die verringerte Steifigkeit des Elastomerkranzes bei höheren Temperaturen.

Auslegung mit Stoßfaktor

Die Auslegung mit Stoßfaktor sollte bei periodischen und nichtperiodischen Beanspruchungen erfolgen. Bei diesen Beanspruchungsarten treten neben dem Nenndrehmoment Spitzendrehmomente, Drehmomentstöße und schwellende Stoßbelastungen in regelmäßigen und unregelmäßigen Zyklen auf. Darüber hinaus können unvorhergesehene Belastungen auf die Kupplung einwirken. Bei Beanspruchungsarten, die mit Stoßfaktor auszulegen sind, muss das Nenndrehmoment der Kupplung größer oder gleich dem Produkt aus Spitzendrehmoment, Anlauffaktor und Temperaturfaktor sein.

$$T_{KN} \geq T_S \cdot S_Z \cdot S_{Temp}$$

T_S Auftretendes Spitzendrehmoment an der Kupplung [Nm]
S_Z Anlauffaktor

Berechnung des Spitzendrehmoments

Zur Berechnung des maximalen Spitzendrehmoments an der Kupplung wird neben dem Spitzendrehmoment der Antriebsseite und dem Stoß- beziehungsweise dem Lastfaktor das Verhältnis der Trägheitsmomente von Antriebs- zu Abtriebsseite benötigt. Diese Beziehung gibt die Massenverteilung im gesamten Antriebsstrang an.

$$T_S = \frac{T_{AS} \cdot S_A}{m + 1}$$

T_{AS} Spitzendrehmoment der Antriebsseite [Nm]
S_A Stoßfaktor
m Verhältnis der Trägheitsmomente von Antriebsseite zu Abtriebsseite

$$m = \frac{J_A \cdot J_1}{J_L + J_2}$$

J_A Trägheitsmoment Antriebsseite [kgm^2]
J_L Trägheitsmoment Abtriebsseite [kgm^2]
J_1 Trägheitsmoment Kupplungshälfte 1 [kgm^2]
J_2 Trägheitsmoment Kupplungshälfte 2 [kgm^2]

Für die Auslegung von Elastomerkupplungen bei periodischer oder nichtperiodischer Beanspruchung mit Berücksichtigung des Stoßfaktors sind aufwändige Berechnungen nötig. Der Einflussfaktor der Trägheitsmomente spielt hier ebenso wie bei den Metallbalgkupplungen eine wesentliche Rolle und sollte daher berücksichtigt werden.

Anwendungsgebiete

Breiter Einsatzbereich

Aufgrund der vielseitigen Eigenschaften von Elastomerkupplungen sind die möglichen Anwendungsgebiete sehr breit gefächert. So werden schwingungsdämpfende Elastomerkupplungen in der Servoantriebstechnik (Abb. 26), in Werkzeugmaschinen und Verpackungsmaschinen eingesetzt sowie in Automatisierungsanlagen, Druckmaschinen und Industrierobotern oder in der Steuerungs- und Positioniertechnik sowie im allgemeinen Maschinenbau.
Ein weiteres großes Einsatzgebiet für Elastomerkupplungen ist die gesamte Fluidtechnik. Die Anwendungen dort nutzen den einfachen und robusten Aufbau dieser Kupplungen, die selbst im Schadensfall aufgrund ihrer Konstruktion über Notlaufeigenschaften verfügen. Wird der Elastomerkranz als Folge falscher Kupplungsdimensionierung zerstört, ist durch

Abb. 26: Elastomerkupplung zur Drehmomentübertragung zwischen Servomotor und Positioniertisch

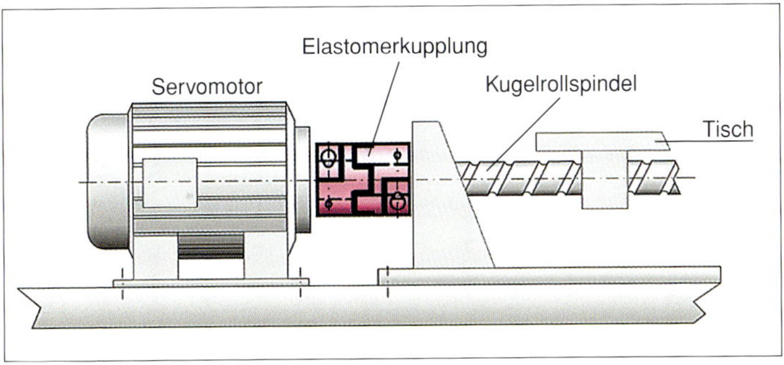

die gegenseitige Verzahnung der beiden Naben über die Klauen weiterhin eine sichere Drehmomentübertragung gewährleistet. Abbildung 27 zeigt einen üblichen Anwendungsfall aus dem Fluidbereich, in dem die Elastomerkupplung zwischen dem E-Motor und der Pumpeneinheit eingesetzt wird.

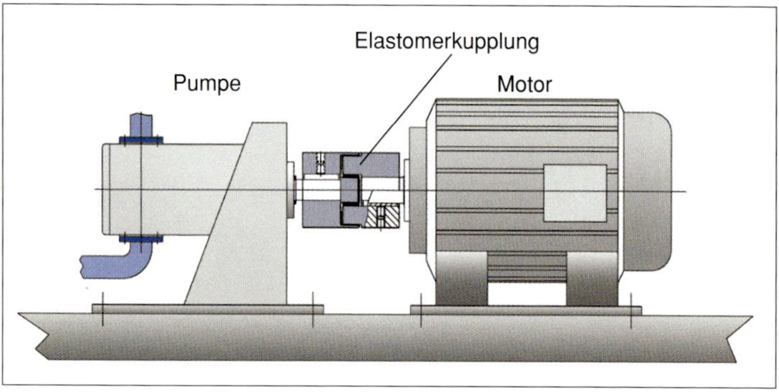

Abb. 27: Elastomerkupplung als Verbindungselement zwischen Motor und Pumpeneinheit

Abschließend nochmals eine Übersicht der wichtigsten Eigenschaften von Elastomerkupplungen:

- Schwingungsdämpfend
- Elektrisch isolierend
- Steckbar
- Ausgleich von Versätzen
- Absolut spielfrei
- Lebensdauerfest
- Verschleiß- und wartungsfrei
- Einsatztemperatur von – 30 °C bis 120 °C
- Drehzahlen bis 28 000 U/min

Welle-Nabe-Verbindung

Die zahlreichen Möglichkeiten der Verbindung zwischen Welle und Nabe lassen sich nach der Art der Verbindung in drei Gruppen unterteilen (Abb. 28). Man spricht von einer *formschlüssigen Verbindung*, wenn die Verbindung über eine bestimmte Formgebung (Kerbverzahnung) oder ein zusätzliches Element (Passfeder) als Mitnehmer erfolgt. Das Drehmoment wird bei dieser Verbindungsart durch Flächenpressung übertragen. Formschlüssige

Formschlüssige, …

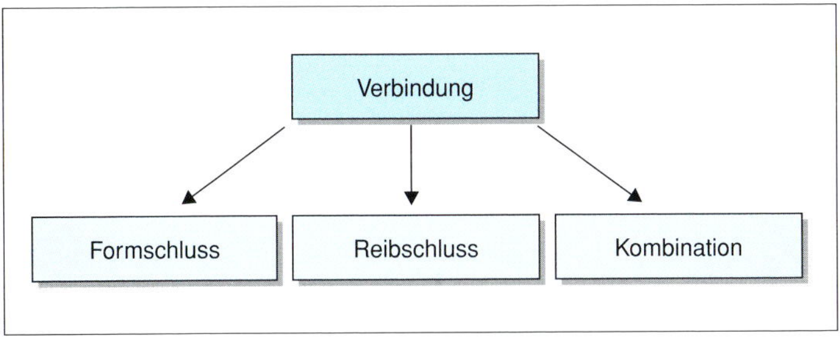

Abb. 28: Die Drehmomentübertragung kann über verschiedene Verbindungsarten erfolgen.

Welle-Nabe-Verbindungen kommen bei Antrieben zum Einsatz, die vorwiegend durch eine einseitige Drehmomentbelastung gekennzeichnet sind. Die Vorteile bei dieser Verbindung liegen in ihrer einfachen Montage und Demontage. Bei der *reibschlüssigen Verbindung* findet die Drehmomentübertragung durch Aufklemmen oder Aufpressen der Nabe auf die Welle statt. Verbindungselemente wie die Konusklemmnabe, die geschlitzte Klemmnabe oder die geteilte Nabe funktionieren auf der Basis von Reibschluss. Typische Anwendungen für Kupplungen mit einer reibschlüssigen Nabe finden sich in Anlagen mit hoher Dynamik und häufiger Drehrichtungsumkehr.

… reibschlüssige und …

... vorgespannte formschlüssige Verbindung

Letztlich können beide beschriebenen Verbindungsarten in Form der *vorgespannten formschlüssigen Verbindung* kombiniert werden. Die Kombination aus Reib- und Formschluss wird meist durch den Einsatz von Keilnuten realisiert. Sie ist sowohl für Klemmnabe und Konusklemmnabe als auch für den Konusklemmring möglich. Eine weitere kombinierte Verbindungsart stellt eine Klemmnabe (Reibschluss) mit einer Passfedernut (Formschluss) dar. Die wichtigsten Welle-Nabe-Verbindungen werden in den folgenden Kapiteln ausführlich beschrieben und anhand von Abbildungen veranschaulicht.

Passfedernut

Die Übertragung des Drehmoments erfolgt bei diesem Verbindungselement durch reinen Formschluss. Mittels einer exakten Kontur der Passfedernut (Abb. 29) auf der Nabeninnenseite wird das Drehmoment übertragen. Diese Verbindung weist immer ein gewisses Passungsspiel auf. Neben den nach DIN 6885 hergestellten herkömmlich gestalteten Passfedernuten können diese sowohl in Zollabmessungen (nach ANSI B 17.1) als auch als Sondernuten gefertigt werden. Die Fixierung der Kupplung in der Anwendung erfolgt über eine Stiftschraube, die in 90 % aller Fälle direkt auf die Passfeder der

Abb. 29:
Die Passfedernut in der Nabe garantiert eine spielarme Drehmomentübertragung.

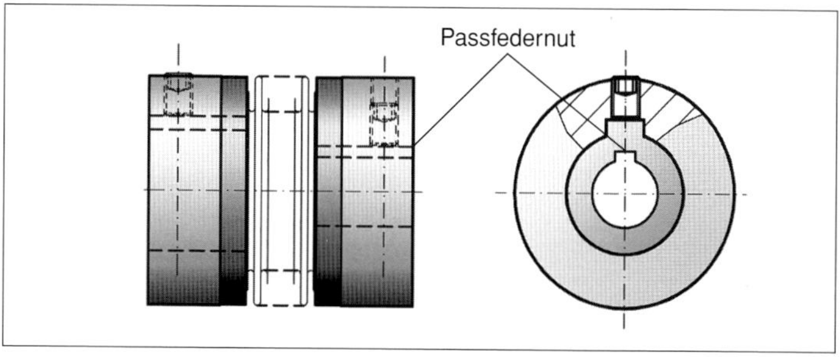

Schnelle, einfache Montage

Welle drückt. Der Hauptvorteil der Anbindung über eine Passfedernut ist die schnelle und einfache Montage und Demontage der gesamten Kupplung. Anhand eines Beispiels, bezogen auf die DIN 6892 [1] und auf das Fachbuch von Roloff/Matek [2], wird im Folgenden eine mögliche Auslegung mit einer Passfedernut durchgeführt (Abb. 30).

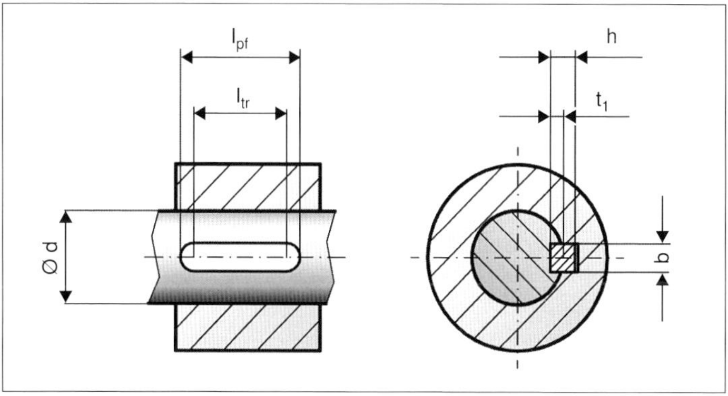

Abb. 30: Schematische Darstellung zur Berechnung der Passfedernut

Annahme: Es handelt sich um eine konstante Flächenpressung über die Nutlänge und Nutwandhöhe. Eine Berücksichtigung von Fasen oder Radien bei der Ermittlung der tragenden Flächen sowie eine Drehrichtungsumkehrung im Betrieb wird ausgeschlossen. Die allgemeine Formel zur Berechnung lautet:

$$T_{Zul} = \frac{p_{Zul} \cdot (h - t_1)}{1000} \cdot l_{tr} \cdot \frac{d}{2} \cdot i \cdot \varphi \geq T_{eq} \cdot K_A \cdot T_{Nenn}$$

T_{Zul} Zulässiges Drehmoment [Nm]

p_{Zul} $= 0{,}9 \cdot R_{emin}$ (R_{emin} ist das Minimum der Streckgrenze von Wellen-, Naben- und Passfederwerkstoff) [N/mm²]

h Passfederhöhe [mm]

t_1 Wellennuttiefe [mm]

l_{tr} Traganteil Passfederlänge [mm]
d Wellendurchmesser [mm]
i Passfederanzahl
φ Traganteil (bei einer Passfeder $\varphi = 1$; bei zwei Passfedern $\varphi = 0{,}75$)
T_{eq} Zu übertragendes Drehmoment [Nm] ($T_{eq} = K_A \cdot T_{Nenn}$)
K_A Anwendungsfaktor nach Anhang A (DIN 3990)
T_{Nenn} Nenndrehmoment [Nm]

Auslegungs-beispiel

Für das Auslegungsbeispiel – eine Metallbalgkupplung mit einem Nenndrehmoment von 30 Nm – wurden folgende Nenndaten eingesetzt (Daten stammen aus dem Katalog vom Kupplungshersteller und dem Tabellenbuch Metall [3]):

R_{emin}	$= 220\ N/mm^2$	d	$= 10\ mm$
h	$= 6\ mm$	i	$= 1$
t_1	$= 3{,}5\ mm$	φ	$= 1$
l_{tr}	$= 16\ mm$	T_{eq}	$= 1 \cdot 30\ Nm$

$$T_{Zul} = \frac{0{,}9 \cdot 220 \cdot (6 - 3{,}5)}{1000} \cdot 16 \cdot \frac{10}{2} \cdot 1 \cdot 1 \geq 30$$

$$T_{Zul} = 39{,}6\ Nm \geq 30\ Nm$$

Das zulässige Drehmoment ist mit 39,6 Nm größer als der geforderte Wert von 30 Nm. Somit ist diese Passfedernut im angeführten Beispiel ausreichend dimensioniert.

Klemmnabe

Zweifach geschlitzte Nabe

Die Verbindung zur Welle wird bei dieser Art der reibschlüssigen Verbindung über eine Klemmung realisiert. Die Nabe ist zweifach geschlitzt und hat eine Befestigungsschraube (Abb. 31). Als Nabenwerkstoff werden je nach Anwendung hochfestes Aluminium, Stahl oder Edel-

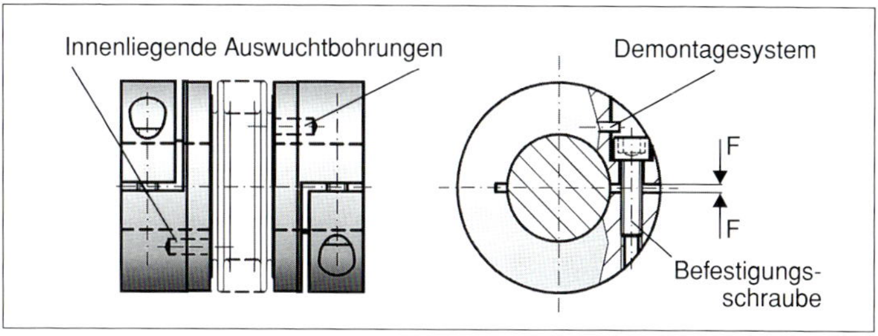

stahl verwendet. Bedingt durch die konstruktive Gestaltung der Klemmnabe ergibt sich eine Unwucht. Um diese Unwucht zu minimieren, wird die Nabe im Regelfall mit Auswuchtbohrungen versehen. Bei der Klemmung handelt es sich um eine linienförmige Lastverteilung. Die Klemmnabe kann wie auch die Passfederverbindung durch leichtes Schieben axial auf der Welle positioniert werden. Die Klemmung der Kupplungsnabe erfolgt durch eine seitliche Schraube (ISO 4762). Um die Demontage zu erleichtern, steht optional ein Demontagesystem zur Verfügung. Dieses besteht aus einem direkt über dem Schraubenkopf angebrachten Stift, mit dem die Nabe durch die Schraubenkraft einfach und effizient aufgedrückt werden kann.

Zur Gruppe der (geschlitzten) Klemmnaben zählt auch die Halbschalenausführung. Die Klemmnabe weist bei dieser Variante eine

Abb. 31: Spielfreie Drehmomentübertragung durch zweifach geschlitzte Klemmnabe

Abb. 32: Die Ausrichtung der Wellen und kürzere Montagezeiten sind die Vorteile der Halbschalenausführung.

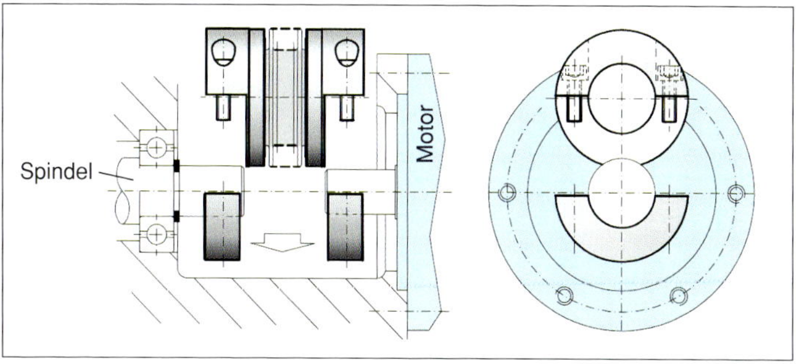

Halbschalen-ausführung

durchgängige radiale und axiale Schlitzung auf, welche die Nabe vollständig in zwei Einzelteile zerlegt (Abb. 32). Zur Montage und Demontage der Kupplung ist nun keine axiale Verschiebung der An- und Abtriebsseite nötig. Dementsprechend können beiden Wellen sehr präzise zueinander ausgerichtet werden. Die Gefahr von Fluchtungsfehlern ist deutlich verringert. Aufgrund der vereinfachten Montage bzw. Demontage lässt sich im Servicefall mit der Halbschalenausführung im Vergleich zur Standardklemmnabe eine Zeitersparnis von bis zu 80 % erzielen.

Konusklemmnabe

Eine weitere reibschlüssige Verbindung zur Welle lässt sich über die Konusklemmnabe (Abb. 33) herstellen. Wie der Bezeichnung dieser Nabenausführung zu entnehmen ist, wird mittels zweier konischer Bauteile (Konusbuchse und Nabe) eine Flächenpressung erzielt. Mit dieser Pressung können Drehmomente von bis zu 38 000 Nm übertragen werden.
Durch die konische Form der beiden Bauteile und der auf dem Lochkreis verteilten Anzugsschrauben können sehr große Kräfte entwickelt werden. Deshalb sollte die Montage ge-

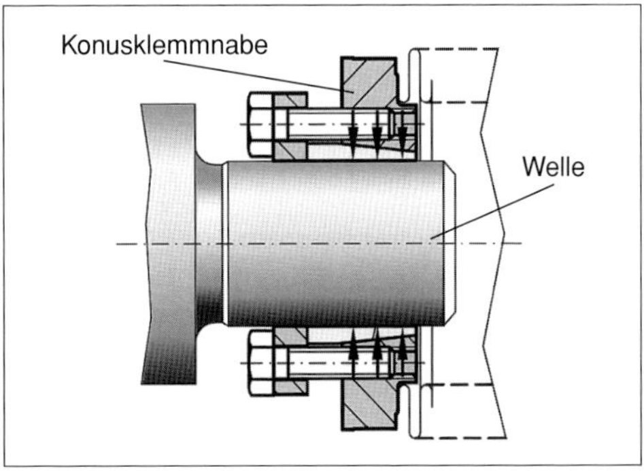

Abb. 33: Die Konusklemmnabe ermöglicht eine spielfreie Drehmomentübertragung bis 38 000 Nm.

nau nach den Vorgaben des Kupplungsherstellers durchgeführt werden. Eine einfache und sichere Demontage ist durch die integrierten Abdrückschrauben gewährleistet, die sich unter der Konusbuchse befinden.
Aufgrund des symmetrischen Aufbaus der gesamten Kupplung tritt nur eine geringe Restunwucht auf. Es ergibt sich dadurch eine sehr hohe Laufruhe. Ein weiterer Vorteil ist die geringe Größe der Konusklemmnabe. Im Vergleich zur geschlitzten Klemmnabe oder zur Passfedernut ist sie um ca. 20 bis 25 % kürzer und spart somit Einbauraum.

Laufruhig und Platz sparend

Konusklemmring

Bei diesem Verbindungstyp wird das Drehmoment ebenfalls durch Reibschluss übertragen. Der Konusklemmring (Abb. 34) besteht wie die Konusklemmnabe aus zwei Bauteilen: dem Klemmring und der Nabe. Der Klemmring (1) wird mittels der Befestigungsschraube (5) in axialer Richtung an die Nabe (2) gezogen. Durch die beiden zueinander konisch laufenden Flächen (3 und 4) entsteht in vertikaler Richtung eine Flächenpressung. Die daraus resultierende Anpresskraft ist für einen Drehmomentbereich von bis zu 38 000 Nm ausrei-

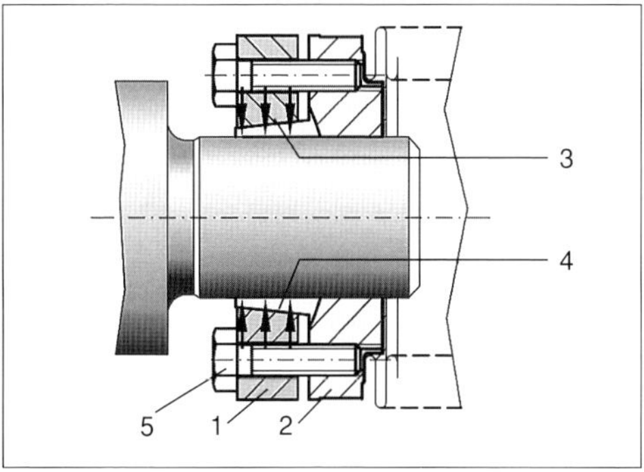

Abb. 34: Aufbau des Konusklemmrings

chend. Durch den symmetrischen Aufbau der Kupplung kommt es bei dieser Verbindungsart nur zu einer minimalen Restunwucht; somit ist eine sehr hohe Laufruhe gewährleistet. Kupplungen mit Konusklemmring können deshalb für Drehzahlen bis 100 000 U/min eingesetzt werden. Die Naben werden in axialer Richtung montiert und benötigen aufgrund ihrer Konstruktion im Zwischenflansch keine zusätzlichen Montagebohrungen.

Geeignet für hohe Drehzahlen

Konusklemmring und Naben können aus verschiedenen Materialien wie Aluminium, Stahl oder Edelstahl hergestellt werden. Diese Werkstoffe können noch durch Oberflächenbehandlungsverfahren wie Vernickeln, Verzinken, Eloxieren und Oxidieren veredelt werden.

Flansch

Flanschverbindungen (Abb. 35) sind reibschlüssige Verbindungen (Schrauben im Lochkreis), die sich einfach und schnell montieren lassen. Neben dem Lochkreisdurchmesser D3, in dem die Befestigungsschrauben eingebracht sind, ist ein Zentrierabsatz im Flansch notwendig, der die Rundlaufgenauigkeit gewährleistet. Die Zentrierung D1 und D2 stellt sicher, dass keine unterschiedlichen Rotationsachsen entstehen.

Neben der Anbindung für Kupplungen wird der Flanschanbau häufig auch bei einzelnen Gelenkwellenkomponenten verwendet. Der Vorteil

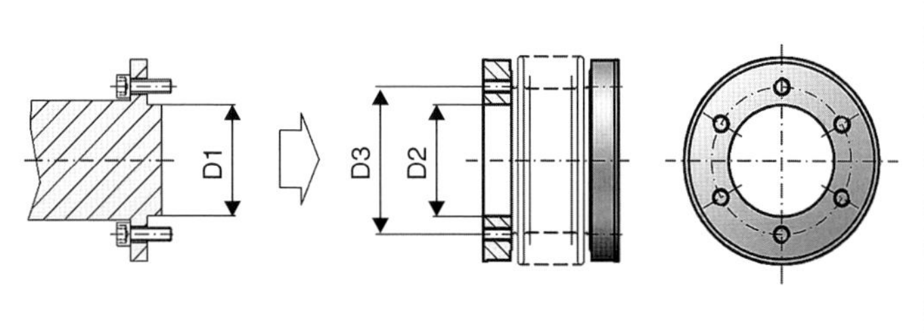

Abb. 35: Reibschlüssige Drehmomentübertragung durch Flanschverbindung

insbesondere bei Gelenkwellen (siehe Abb. 41, S. 64) liegt in der einfachen und schnellen Montage der gesamten Welle, ohne dass ein Verschieben der An- und Abtriebsseite notwendig ist. Ermöglicht wird dies durch das herausnehmbare Zwischenrohr, das mittels zweier Flansche angebunden ist.

Vorteile bei der Gelenkwellenmontage

Spreizdorn

Bei einigen Anwendungen ist eine Anbindung der Nabe an eine Hohlwelle oder eine Bohrung gefordert. Aufgrund der häufig eingeschränkten Bauraumverhältnisse kann eine Klemmung auf der Hohlwelle meist nicht realisiert werden. Abhilfe schafft an dieser Stelle der Spreizdorn (Abb. 36), der Drehmomente bis zu 2150 Nm übertragen kann und einen Hohlwellendurchmesser von 4 bis 80 mm abdeckt.

Anwendung bei Hohlwellen

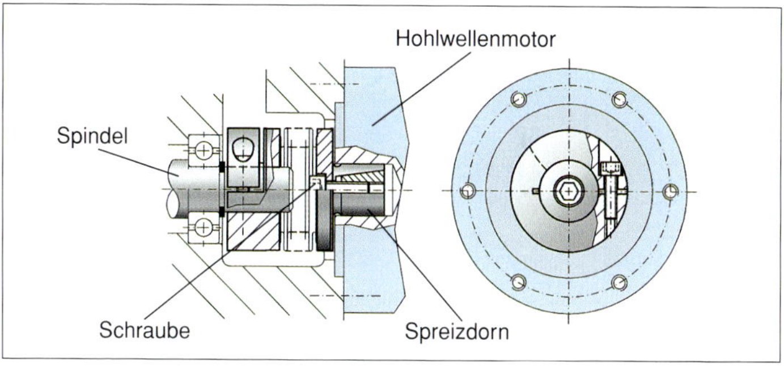

Abb. 36: Drehmomentübertragung für Hohlwellen mittels Spreizdorn

Zur Montage wird nach der Einführung des Spreizdorns in axialer Richtung eine metrische Schraube im Inneren der Kupplung angezogen. Wie auch bei der Konusklemmnabe entsteht durch die axiale Verschiebung der beiden zueinander konischen Bauteile eine Flächenpressung in radialer Richtung. Diese Pressung erzeugt die für die Drehmomentübertragung notwendige Reibschlussverbindung.

Gelenkwellen

Überbrückung großer Wellenabstände

Gelenkwellen oder so genannte Zwischenachsen werden zur Überbrückung von großen Wellenabständen eingesetzt (Abb. 37). Bei herkömmlichen Lösungen musste früher oft ein Zwischenlager oder ein Lagerbock zur Abstützung im Antriebsstrang mit eingeplant werden. Moderne hochgenaue Gelenkwellen, die über eine sehr gute Laufruhe verfügen, können dagegen bis zu 6 m Länge ohne Zwischenabstützung betrieben

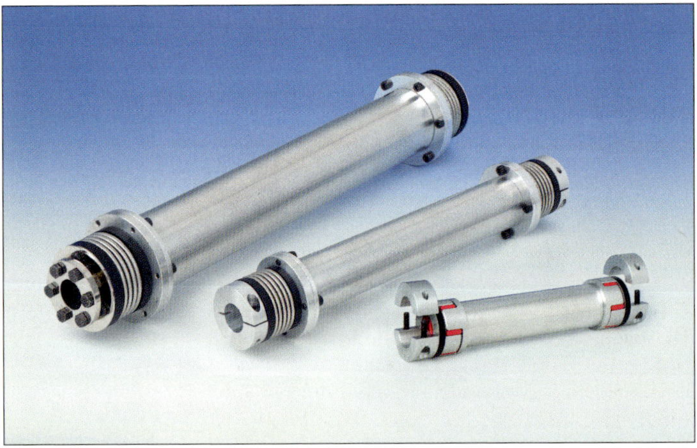

Abb. 37: Gelenkwellen mit Metallbalg oder Elastomerkranz für Drehmomente von 10 bis 4000 Nm

werden. Hinsichtlich ihres Aufbaus ähneln Gelenkwellen stark den Präzisionskupplungen. Die zentralen Komponenten sind ebenfalls Naben in unterschiedlicher Ausführung, Metallbalg oder Elastomerkranz sowie als zusätzliches Bauteil ein aus Aluminium, Stahl oder Kohlefaser (CFK) bestehendes Zwischenrohr.

Für den Anwender bedeutet der Einsatz von Gelenkwellen eine deutliche Verkürzung der Montagezeiten (Entfall von zeitaufwändiger Ausrichtung der Zwischenlager) und somit eine spürbare Kosteneinsparung.

Physikalische Größen und Grundlagen

Wird ein Körper aufgrund einer einwirkenden Kraft (z. B. Unwuchtkräfte bei hohen Drehzahlen) in eine Richtung durchgebogen, so findet nach Beendigung der Krafteinwirkung ein Ausschlag in die zur Durchbiegungsrichtung entgegengesetzte Richtung statt. Dieser Ausschlag, als Rückstellkraft bezeichnet, versetzt den Körper in eine Biegeschwingung. Die Größe des Ausschlags der Biegeschwingung (Amplitude) hängt jeweils von der spezifischen Federkonstante des Körpers ab. Von Fall zu Fall klingt die Schwingung schneller oder langsamer ab. Findet die Anregung (Erregerfrequenz) periodisch im Bereich der Resonanzfrequenz statt, schwingt sich der Körper auf (ständig wachsende Amplitude). Dieses Aufschwingen, das jedes schwingungsfähige System zeigt, kann im Extremfall zum Bruch des Körpers, in unserem Fall der Gelenkwelle, führen. Man bezeichnet diesen Betriebszustand unter anderem auch als *biegekritische Drehzahl*.

Biegekritische Drehzahl

Bei Gelenkwellen können Kräfte zum einen durch Unwuchten der umlaufenden Massen entstehen und zum anderen durch die nur bedingte Geradheit des Zwischenrohrs. Letzteres bedeutet, dass das Zwischenrohr immer eine Abweichung von der Ideallinie aufweist. Addiert man diese beiden maßhaltigen Abweichungen, so lässt sich die Gesamtdurchbiegung der Gelenkwelle und damit die Differenz zwischen der idealen und der tatsächlichen Rotationsachse berechnen.

Unwuchten und Maßabweichungen

Eine weitere wesentliche Kenngröße im Zusammenhang mit Gelenkwellen ist die *maximale Betriebsdrehzahl.* Sie stellt sicher, dass die Gelenkwelle auf keinen Fall im Bereich der biegekritischen Drehzahl betrieben wird. Die maximale Betriebsdrehzahl wird von den Her-

Maximale Betriebsdrehzahl

stellern selbst definiert und entspricht normalerweise einem Wert von etwa 60 bis 80 % der biegekritischen Drehzahl. Gelenkwellen, die mit sehr hoher Rundlaufgenauigkeit gefertigt werden, können auch mit 80 % der biegekritischen Drehzahl problemlos betrieben werden.

Betrieb im unterkritischen …

Gelenkwellen werden in der Regel nur unterkritisch (d. h. bis zu 80 % der biegekritischen Drehzahl) betrieben, da die Gefahr von Resonanzfrequenzen und damit verbundenen, stark wachsenden Amplitudenausschlägen zu groß ist. Abbildung 38 stellt schematisch den unter- und überkritischen Bereich dar. In Sonderfällen und nach Rücksprache mit den Kupplungs-

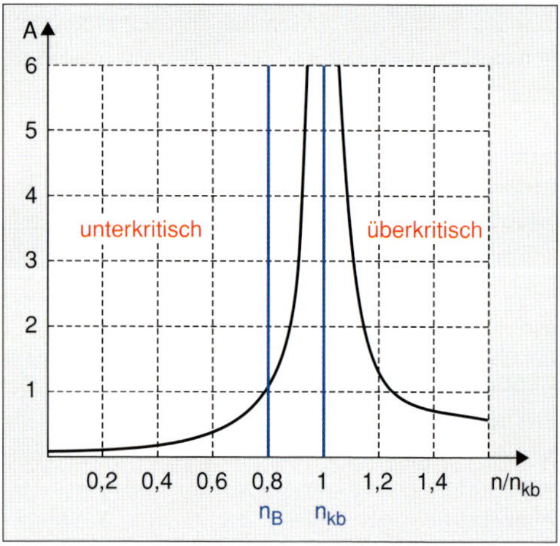

Abb. 38: Amplitudenausschlag für den unter- und überkritischen Bereich in Abhängigkeit von der biegekritischen Drehzahl
A Amplitude
n_B Betriebsdrehzahl
n_{kb} Biegekritische Drehzahl
n/n_{kb} Verhältnis aktuelle Drehzahl zur biegekritischen Drehzahl

… und im überkritischen Bereich

herstellern können Gelenkwellen auch im überkritischen Bereich (mehr als 20 % über der biegekritischen Drehzahl) betrieben werden. Voraussetzung für den Betrieb in diesem Drehzahlbereich ist, dass die gesamte Anwendung über eine sehr hohe Dynamik verfügt. Die Betriebsdrehzahl sollte innerhalb von höchstens ein bis zwei Sekunden erreicht werden, da das so genannte Aufschwingen der

Achse in dieser kurzen Zeitperiode nicht möglich ist. Darüber hinaus muss die Gelenkwelle über eine sehr hohe Steifigkeit verfügen. Das Durchfahren der biegekritischen Drehzahl bedeutet eine zusätzliche Belastung für das Zwischenrohr und die gesamte Gelenkwelle. Daher sollte diese zusätzliche Belastung bei der Auslegung der Gelenkwelle entsprechend berücksichtigt werden.

Auslegung und Dimensionierung

Ermittlung der biegekritischen Drehzahl

Die wichtigste Berechnung, die bei Gelenkwellen durchgeführt werden muss, ist die Ermittlung der biegekritischen Drehzahl. Bei dieser Drehzahl werden die Schwingungen kontinuierlich stärker (wachsende Amplitude). Der Grund hierfür ist die durch das Eigengewicht verursachte Durchbiegung (f_{E}) und die in der Praxis nicht erreichbare absolute Geradheit des Rohrs (f_{R}). Diese beiden Einflussfaktoren ergeben miteinander addiert die Gesamtdurchbiegung der Gelenkwelle (f_{m}).

$$f_{\mathrm{m}} = f_{\mathrm{E}} + f_{\mathrm{R}}$$

Die Gesamtdurchbiegung führt dazu, dass sich die Gelenkwelle nicht mehr exakt auf der idealen Rotationsachse dreht. Dadurch wird die Gelenkwelle durch eine zusätzliche Fliehkraft belastet (Abb. 39).
Die explizite Berechnung der biegekritischen Drehzahl unter Berücksichtigung aller Einflussfaktoren ist sehr aufwändig und kompli-

Abb. 39:
Die Durchbiegung der Gelenkwelle ist von zwei Einflussfaktoren abhängig.
f_E Durchbiegung durch Eigengewicht
f_m Gesamtdurchbiegung Gelenkwelle
f_R Geradheit des Rohrs

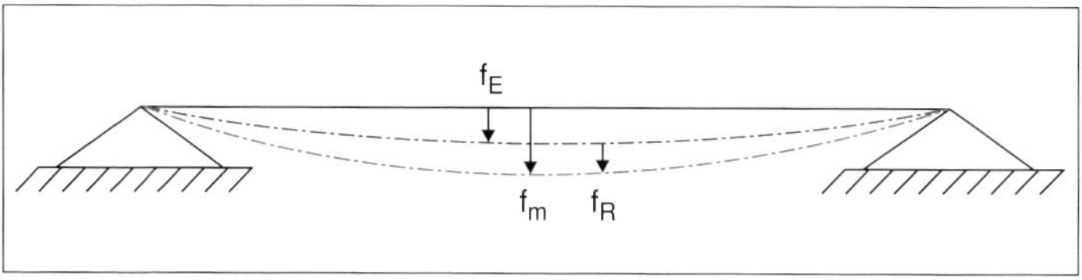

ziert. Daher wird an dieser Stelle nur eine überschlägige Formel angegeben, mit der Richtwerte ermittelt werden können. Unter Berücksichtigung der Lagerung wird die biegekritische Drehzahl (n_{kb}) für Achsen und Wellen wie folgt berechnet [2]:

Überschlägige Formel

$$n_{kb} \approx k \cdot 946 \cdot \sqrt{\frac{1}{f_m}}$$

f_m Gesamtdurchbiegung der Welle [mm]
k Korrekturfaktor [2] für die Art der Lagerung

Mit dem Korrekturfaktor $k = 1$ wird bei frei gelagerten, d. h. nicht eingespannten, in den Lagern umlaufenden Achsen oder Wellen (Normalfall), mit dem Korrekturfaktor $k = 1{,}3$ bei an den Enden eingespannten feststehenden Achsen mit darauf umlaufenden Scheiben, Rädern und ähnlichen Bauteilen gerechnet [2]. Bei Gelenkwellen wird in der Regel der Korrekturfaktor $k = 1$ eingesetzt.

Wie bereits erläutert, wird die maximale Durchbiegung der Welle durch zwei Kriterien (Durchbiegung aufgrund des Eigengewichts und Geradheit des Rohrs) bestimmt.

Optimierung der Rohrgeradheit

Das zweite Kriterium, die Geradheit des Rohrs, lässt sich aktiv verbessern. So können durch den Einsatz spezieller Kugellager und Vorrichtungen (Prüfbänke) Geradheiten des Rohrs im hundertstel Millimeterbereich erreicht werden. Dagegen ist die Durchbiegung aufgrund des Eigengewichts eine feste, nicht veränderbare Konstante. Die Berechnung der Durchbiegung hängt von der Wandstärke und Länge der Gelenkwelle, vom E-Modul des Zwischenrohrwerkstoffs sowie von weiteren Faktoren ab. Mit Hilfe der nachfolgenden Faustformel lässt sich einfach und schnell ein Richtwert berechnen.

$$f_E = \frac{5 \cdot q_o \cdot l^4}{384 \cdot E \cdot I}$$

q_0 Eigengewicht des Zwischenrohrs bei Linienbelastung [N]
l Länge des Zwischenrohrs [mm]
E E-Modul des Materials [N/mm²]
I Flächenträgheitsmoment bei zylindrischen Hohlkörpern [mm⁴]

Nachfrage beim Kupplungshersteller

Zu beachten ist, dass mit diesem beschriebenen Rechenweg nur überschlägige Ergebnisse erzielt werden können. Um genaue Daten zur biegekritischen Drehzahl und der damit verbundenen Gesamtdurchbiegung der Gelenkwelle im jeweiligen Anwendungsfall zu erhalten, ist es ratsam, direkt beim Kupplungshersteller nachzufragen. Dieser verfügt meist über spezielle Berechnungsprogramme, die eine Simulation der Einsatzkriterien erlauben.
Neben der Auslegung und Dimensionierung nach der biegekritischen Drehzahl spielt die Torsionssteifigkeit der Gelenkwelle eine wesentliche Rolle. Im Folgenden wird beschrieben, um wie viel Grad sich das Rohr bei einer bestimmten Drehmomentbelastung verdreht. Die Größe des Verdrehwinkels ist maßgebend beispielsweise für Werkzeugmaschinen oder Positionierantriebe, bei denen die Arbeitsplattform sehr genau positioniert werden muss.
Die allgemeine Formel zur Berechnung des Verdrehwinkels lautet:

Berechnung des Verdrehwinkels

$$\varphi(x) = \int \frac{T}{G \cdot I_T}\, dx$$

wobei G und I_T konstant sind.

φ Verdrehwinkel [°]
T Drehmoment [Nm]
G Schubmodul [N/m²]
I_T Torsionsträgheitsmoment [mm⁴]

Setzt man für die Variable x die Länge des Zwischenrohrs l ein, so erhält man das gelöste Integral:

$$\varphi(l) = \frac{T \cdot l}{G \cdot I_T}$$

Vereinfachung der Formel

Durch die Gesetzmäßigkeit der Torsionssteifigkeit kann die Formel zur Berechnung des Verdrehwinkels vereinfacht werden. Die Torsionssteifigkeit ergibt sich aus dem Quotienten des Schubmoduls multipliziert mit dem Torsionsträgheitsmoment und der Länge des Zwischenrohrs.

$$C_T = \frac{G \cdot I_T}{l}$$

C_T Torsionssteifigkeit [Nm/rad]
l Länge des Zwischenrohrs [mm]

Gesamtverdrehwinkel

Um den Gesamtverdrehwinkel der Gelenkwelle zu erhalten, müssen nicht nur der Verdrehwinkel des Zwischenrohrs, sondern auch die einzelnen Verdrehwinkel der verwendeten Elastomerkränze oder Metallbälge berücksichtigt werden.

$$\varphi_{ges} = \varphi_{Kranz1} + \varphi_{Zwischenrohr} + \varphi_{Kranz2}$$

oder

$$\varphi_{ges} = \varphi_{Balg1} + \varphi_{Zwischenrohr} + \varphi_{Balg2}$$

Torsionssteife Gelenkwellen

Torsionssteife Gelenkwellen (Abb. 40) ähneln in ihrem Aufbau stark den Metallbalgkupplungen. Wie diese verfügen sie über eine hohe Torsionssteifigkeit und geringe Rückstellkräfte bei Versatzausgleich. Neben den Naben und dem Edelstahlmetallbalg wird für die Überbrückung

Abb. 40: Gelenkwelle mit Klemmnabe und demontierbarem Zwischenrohr

des An-/Abtriebswellenabstands ein hochpräzises Aluminium- oder Stahlrohr eingesetzt. Bei Wellen, die mit sehr hohen Drehzahlen laufen, hat sich der Einsatz von Rohren aus Kohlefasermaterial (CFK-Rohre) bewährt. Torsionssteife Gelenkwellen decken einen Drehmomentbereich von 10 bis 4000 Nm und einen Bohrungsdurchmesser von 5 bis 100 mm ab. Die für Gelenkwellen verwendeten Werkstoffe sind Aluminium, Stahl oder Edelstahl. Diese können durch Eloxieren, Oxidieren, Verzinken oder Vernickeln veredelt werden.

Kardanische Innenabstützung

Die spezielle kardanische Innenabstützung der Gelenkwelle ermöglicht eine Überbrückung einer Distanz zwischen Antriebs- und Abtriebswelle von bis zu 6 m ohne Zwischenlagerung. Diese Innenabstützung nimmt das Gewicht des Zwischenrohrs auf, sodass keine zusätzliche radiale Belastung auf die beiden Edelstahlmetallbälge wirkt. Darüber hinaus verhindert die Abstützung durch ein festgelegtes Spaltmaß eine Überschreitung des maximal zulässigen Ausgleichswinkels. Letztlich bedeutet die kardanische Innenabstützung eine zusätzliche Sicherheit für den Anwender. Sollte im schlechtesten Fall die Achse im biegekritischen Bereich betrieben werden und ein Aufschwingen der Welle stattfinden, verhindert die Abstützung das unkontrollierte Lösen des Zwischenrohrs. Die Gelenkwelle kann frei auslaufen und beschädigt keine umliegenden Bauteile.

Zwei Bauarten

Bei den torsionssteifen Gelenkwellen gibt es zwei Bauarten. Die erste Bauart ist für eine Montage geeignet, bei der die Gelenkwelle aufgrund konstruktiver Beschränkungen nicht in ihrer gesamten Länge eingesetzt werden kann. Mögliche Ursachen dieser Beschränkungen können über der Welle angebrachte Glocken oder Schutzabdeckungen sein. Deshalb wird die Gelenkwelle vor der Montage in drei Einzelteile zerlegt. Dies erfolgt in kürzester Zeit durch Lösen der Flanschschrauben. Danach sind die beiden einzelnen Nabenteile auf die An- bzw.

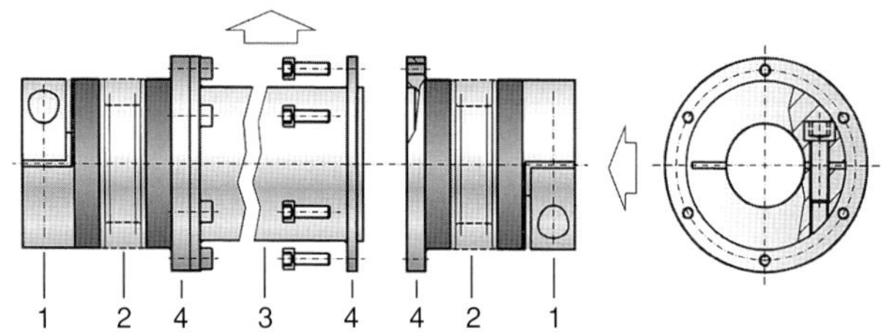

Abb. 41: Aufbau der Gelenkwelle
1 Naben aus Aluminium oder Stahl
2 Metallbalg aus Edelstahl
3 Zwischenrohr aus Aluminium, Stahl oder CFK
4 Flansch-verbindung

Abtriebswelle aufzuschieben, damit abschließend das Zwischenrohr wieder eingesetzt werden kann. Abbildung 41 gibt einen Überblick über den Aufbau dieser Gelenkwellenbauart.

Bei der zweiten Bauart erfolgt die Montage ohne Zerlegen der Gelenkwelle. Damit eine radiale Montage der Gelenkwelle möglich ist, wird die Anbindung zu Antriebs- und Abtriebswelle über geteilte Naben (Halbschalenausführung) hergestellt. Die Nabe besteht in diesem Fall aus zwei einzelnen Komponenten. Die

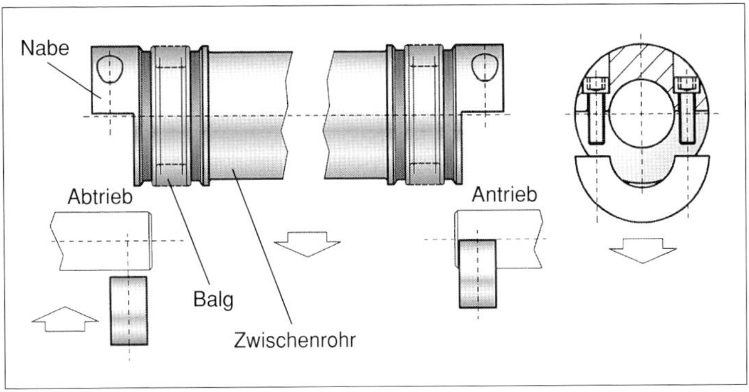

Abb. 42: Montagebeispiel einer Gelenkwelle in Halbschalenausführung

Oberseite wird separat zur Fixierung verwendet. Abbildung 42 zeigt ein Montagebeispiel einer Gelenkwelle in Halbschalenausführung.
Gelenkwellen können in nahezu allen denkbaren Bereichen eingesetzt werden, bei denen große Wellenabstände überbrückt werden müssen. Sie finden sich sowohl in Palettierrobotern, Hubspindeleinheiten und Druckmaschinen als auch in Verpackungsmaschinen, Förderanlagen oder Holzverarbeitungsmaschinen. Der Temperaturbereich, in dem Gelenkwellen absolut spielfrei arbeiten, reicht von –30 °C bis + 120 °C.

Schwingungsdämpfende Gelenkwellen

Mit Elastomerkranz

Gelenkwellen mit einem Elastomerkranz als Zwischenelement werden als schwingungsdämpfende Gelenkwellen bezeichnet, da sie über ein gutes Dämpfungsvermögen verfügen und in der Lage sind, Schwingungen und Drehmomentstöße zu kompensieren. Sie können Drehmomente von mehr als 2200 Nm übertragen und an Wellen mit Bohrungsdurchmessern bis zu 80 mm montiert werden. Die Naben schwingungsdämpfender Gelenkwellen sind

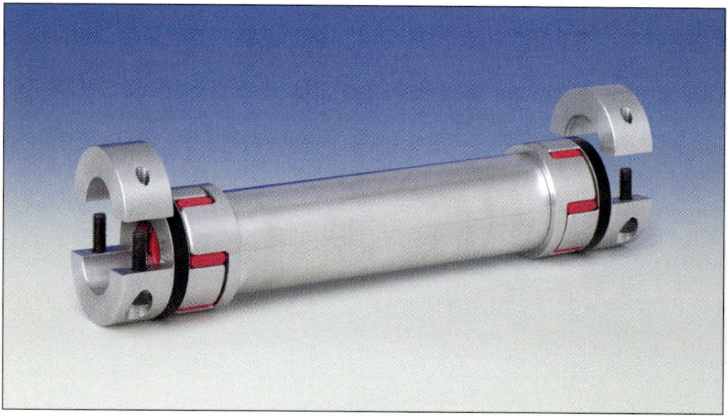

Abb. 43: Gelenkwelle mit Elastomerkranz und Halbschalen-klemmnaben

als so genannte Halbschalen ausgeführt (Abb. 43), die senkrecht nach oben komplett demontiert werden können. Nach dem Einsetzen der Gelenkwelle findet die Fixierung anschließend durch die obere Halbschale statt. Wie bei den Metallbalgkupplungen ist dadurch ebenfalls eine schnelle und einfache Montage gewährleistet. Es können Wellenabstände von mehr als 4 m ohne den Einsatz weiterer Zwischenlager überbrückt werden. Schwingungsdämpfende Gelenkwellen werden ebenso wie torsionssteife Gelenkwellen weitestgehend aus Aluminium, Stahl oder Edelstahl gefertigt. Zur Oberflächenveredelung stehen Verfahren wie Eloxieren, Oxidieren, Verzinken oder Vernickeln zur Auswahl.

Maschinen- und Anlagenlayouts variieren zunehmend. Dementsprechend müssen die Anlagenkomponenten auf mehrere Anlagenlayouts ausgelegt sein. Diese Anforderungen erfüllen längenvariable Gelenkwellen, die vielseitig einsetzbar sind (Abb. 44). Sie können eine Längenveränderung von über 1500 mm ausgleichen und Drehmomente bis 800 Nm übertragen. Zur Veränderung der Gesamtlänge müssen lediglich zwei metrische Schrauben an

Längenvariable Gelenkwellen

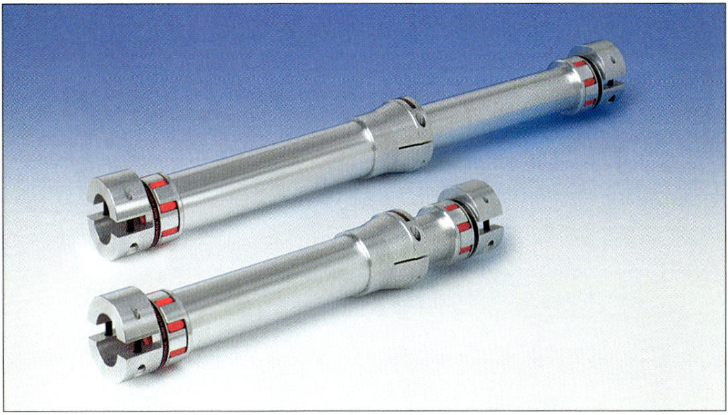

Abb. 44: Längenvariable Gelenkwelle zur Drehmomentübertragung von 10 bis 800 Nm

der zusätzlich auf dem Zwischenrohr befindlichen Klemmnabe gelöst werden. Danach lässt sich die Gelenkwelle auf die benötigte Länge ausziehen oder zusammenschieben. Durch Fixierung der beiden Schrauben ist der erforderliche Reibschluss zur Drehmomentübertragung gewährleistet.
Durch das gleiche Klemmverfahren, das auch bei den Standardgelenkwellen angewendet wird, können Montage und Demontage in wenigen Minuten durchgeführt werden.

Ausblick

Technische Kunststoffe finden immer mehr Beachtung im Maschinen- und Anlagenbau. So findet man Komponenten aus Kunststoff in Bereichen, in denen noch vor einem Jahrzehnt ausschließlich metallische Werkstoffe eingesetzt wurden. Diese zum Teil stattfindende Werkstoffsubstitution wird sich in Zukunft vermutlich noch schneller vollziehen, da das Potenzial des Kunststoffs bei weitem noch nicht ausgeschöpft ist.

Werkstoff-substitution

Auch im Bereich der Kupplungen spielen Kunststoffe zunehmend eine wichtigere Rolle. Abbildung 45 zeigt eine Präzisionskupplung,

Abb. 45: Elastomerkupplung aus 100 % Kunststoff

die zu 100 % aus Kunststoff besteht. Das Nabeninnengerüst dieser Kupplung gewährleistet durch genau gewählte Kreuzungspunkte der einzelnen Stege eine optimale Drehmomentübertragung der tangential angreifenden Kraft unter Berücksichtigung der maximalen Verdrehsteifigkeit. Beim Aufbau des Innengerüsts (Abb. 46) wurde darauf geachtet, den bei Abkühlung des Bauteils häufig auftretenden Schwund des Kunststoffs zu verringern. Durch eine gleichmäßig gestaltete Oberfläche der einzelnen Hohlräume entstehen in der Nabe beim Abkühlen sehr geringe Temperaturunterschiede, die zu keinem nennbaren Verzug der

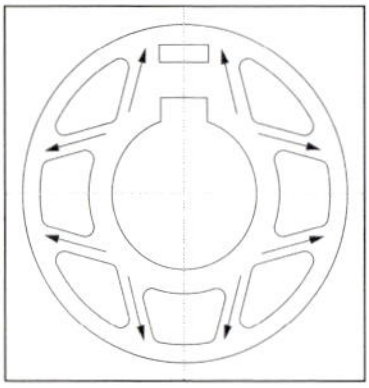

Abb. 46: Innenstruktur der Kunststoffkupplung

Naben führen. Der symmetrische Aufbau des Nabeninnengerüsts stellt eine nur sehr geringe Restunwucht der Nabe sicher. Dadurch kann diese Kupplung bis zu einer Drehzahl von 10 000 U/min eingesetzt werden.
Bei der hier beschriebenen Kunststoffkupplung ist es gelungen, die identischen Abmessungen von herkömmlichen Klauenkupplungen aus Aluminium oder Stahl einzuhalten. Somit entfallen bei bestehenden Anlagen zeit- und kostenaufwändige Neukonstruktionen bzw. Bauraumprüfungen. Die Kupplungen können direkt gegen bestehende Verbindungselemente ausgetauscht werden.
In Tabelle 5 ist noch einmal im Überblick dargestellt, welche Verbesserungen, ausgehend von den Anforderungen an herkömmliche Präzisionskupplungen, durch Kunststoffkupplungen erzielt werden konnten. Ein Hauptvorteil ist die enorme Gewichtsreduzierung, die durch die ge-

Tab. 5: Anforderungen an eine konventionelle Präzisionskupplung und durch die Kunststoffkupplung erzielte Verbesserungen im Vergleich

Anforderung	Verbesserung
Das Gesamtgewicht der Kupplung soll so gering wie möglich sein, damit das verbundene Trägheitsmoment sich nicht auf die Dynamik der Anlagen auswirkt.	Es konnte eine Gewichtsreduzierung um bis zu 80 % im Vergleich zu herkömmlichen Kupplungen erzielt werden.
Die Geräuschentwicklung durch die Fördereinheit inkl. Drehstrommotor soll so gering wie möglich sein.	Durch den Einsatz von faserverstärktem Kunststoff wird der Schall gedämpft, da die Schallwellen im Gegensatz zu Metallen nicht oder nur gering weitergeleitet werden.
Durch Drehmomentstöße, die aufgrund von Drehrichtungs- oder Drehzahländerungen auftreten, darf die Kupplung auf keinen Fall spröde werden, damit kein Bruch der Klauen auftritt.	Die Vernetzung der Fasern im Kunststoff bietet eine wesentlich höhere Zähigkeit gegen Stoßbelastung als Gusswerkstoffe.
Geforderte Drehmomente müssen mit den gleichen Abmessungen herkömmlicher Kupplungen übertragbar sein.	Die Maße der Nabe bleiben im Vergleich zu herkömmlichen Klauenkupplungen absolut identisch.
Bei dynamischen Anwendungen müssen Naben eine bestimmte Wuchtgüte haben.	Durch die Spritzgussform kann ohne weiteren Aufwand die für dynamische Anwendungen geforderte Wuchtgüte erreicht werden.

ringe Dichte des Kunststoffs erreicht wird. Weiterhin kann eine Reduzierung des Geräuschpegels durch Vermeidung einer reinen Metallverbindung (Kunststoffnabe – Stahlwelle) erzielt werden. Die Kunststoffkupplung ist mit einem fünffachen Überlastfaktor versehen. Damit werden auftretende Drehmomentstöße problemlos kompensiert.

Wirtschaftliche Lösung

Wirtschaftlich gesehen schneidet eine Kunststoffkupplung im Vergleich zu herkömmlichen Elastomerkupplungen besser ab. Dies liegt zum einen am schnelleren Produktionszyklus von Kunststoffbauteilen, zum anderen auch am Rohmaterialgrundpreis, der im Vergleich zu Metall geringer ist. Somit sind moderne Kunststoffe für Anwendungen im allgemeinen Maschinen- und Anlagenbau sowohl unter technischen als auch unter wirtschaftlichen Gesichtspunkten wettbewerbsfähig oder weisen bei bestimmten Anwendungen Vorteile auf.

Literatur

[1] DIN 6892 Passfedern (Berechnung und Gestaltung)

[2] Muhs, Dieter; Wittel, Herbert; Jannasch, Dieter; Vossiek, Joachim: *Roloff/Matek Maschinenelemente. Normung, Berechnung, Gestaltung – Lehrbuch und Tabellenbuch*. 16. Auflage. Viewegs Fachbücher der Technik. Wiesbaden: Vieweg Verlag, 2003.

[3] Fischer, Ulrich; Gomeringer, Roland; Heinzler, Max; Kilgus, Roland [u.a.]: *Tabellenbuch Metall mit Formelsammlung*. 42. Auflage. Haan-Gruiten: Europa-Lehrmittel Verlag, 2002.

Der Partner dieses Buches